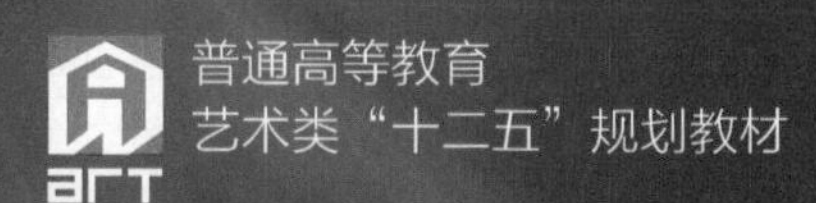

普通高等教育
艺术类"十二五"规划教材

Photoshop+Painter 绘画创作案例教程

李怀鹏 刘文菁 宁翔 编著

人民邮电出版社
北京

图书在版编目（C I P）数据

Photoshop+Painter绘画创作案例教程 / 李怀鹏，刘文菁，宁翔编著. -- 北京 : 人民邮电出版社，2016.1（2022.7重印）
普通高等教育艺术类“十二五”规划教材
ISBN 978-7-115-40982-9

Ⅰ. ①P… Ⅱ. ①李… ②刘… ③宁… Ⅲ. ①图象处理软件－高等学校－教材 Ⅳ. ①TP391.41

中国版本图书馆CIP数据核字(2015)第288984号

内 容 提 要

本书分为基础篇、应该篇和提高篇，共九章。基础篇为第 1 章~第 3 章，包括 CG 手绘的基本知识、Photoshop 软件应用基础、Painter 软件应用基础等内容，全面系统地介绍了 Photoshop 和 Painter 的基本操作方法和绘画技巧。应用篇为第 4 章~第 7 章，包括静物系列案例详解、风景系列案例详解、场景系列案例详解、人物系列案例详解。每章均有 3~5 个案例，每个案例都介绍了设计思想并详细地讲解了操作步骤，以便帮助读者快速掌握图形设计的理念和绘画技巧。提高篇为第 8 章和第 9 章，包括主题性创作和 CG 手绘佳作欣赏。第 8 章提供了 5 个综合性的创作案例，以提高读者的综合应用能力，使读者快速达到实战水平。

本书既可作为高等院校视觉传达设计、广告设计、数字媒体艺术等专业课程的教材，也可供初学者及各类艺术设计爱好者自学参考。

◆ 编　　著　李怀鹏　刘文菁　宁　翔
　责任编辑　许金霞
　责任印制　沈　蓉　彭志环
◆ 人民邮电出版社出版发行　　北京市丰台区成寿寺路 11 号
　邮编　100164　　电子邮件　315@ptpress.com.cn
　网址　http://www.ptpress.com.cn
　北京虎彩文化传播有限公司印刷
◆ 开本：787×1092　1/16
　印张：14.5　　　　2016 年 1 月第 1 版
　字数：412 千字　　2022 年 7 月北京第 5 次印刷

定价：54.00 元

读者服务热线：(010)81055256　印装质量热线：(010)81055316
反盗版热线：(010)81055315
广告经营许可证：京东市监广登字 20170147 号

前言

CG手绘原为Computer Graphics的英文缩写。随着以计算机为主要工具进行视觉设计和生产的一系列相关产业的形成，国际上习惯将利用计算机技术进行视觉设计和生产的领域通称为CG。它既包括技术也包括艺术，几乎囊括了当今计算机时代中所有的视觉艺术创作活动，如平面印刷品的设计、三维动画、影视特效、插画、以计算机辅助设计为主的建筑效果图和服装设计效果图等。

本书是在《教育部关于“十二五”普通高等教育本科教材建设的若干意见》的精神指导下，根据影视特效、插画等专业的岗位需求，以实例为载体，以培养学生的实际操作能力为目的而编写的教材。

本书的特点如下。

一、涵盖全面

本书在编写过程中，尊重教学规律，把握课程进度，从静物开始，包括风景、人物和主题性绘画，内容全面，由浅入深地安排教学进度，培养学生的创作实践技能；以实际能力培养为本，注重理论与实践相结合。

二、设计科学

在实例讲解的设计上，主要有创作思路、步骤详解、小结总结、思考练习和技能拓展这几个环节；科学的课堂设计，让学生尽快了解学习的重点，掌握学习内容。

三、步骤详实

每一个实例步骤，都经过了作者的精心设计、反复斟酌；步骤详解这一环节，作者最大可能地把实例进行分解，科学地把握关键点，图文并茂，使读者能够最大化地消化吸收实例中的知识点。

四、图文并茂

书中采用的大部分图片都来自作者在实际教学中的课堂实例和项目创作中的实例，实例步骤细致全面，训练方法科学有效。这使读者尽可能地贴近工作实际，锻炼动手能力，为今后的专业发展打下坚实的基础。

在本书出版之际，我们特别感谢人民邮电出版社的信任和支持，感谢CGTALK提供了大量的图片和资料，感谢青岛科技大学传播与动漫学院领导对本书的大力支持；与此同时，还要感谢《崂山传奇》动画片创作组提供编写素材并提出宝贵意见。本书的“卡通漫画场景”实例是动画片《崂山传奇》场景设计师姜益梦编写的，在此一并致谢。

本书在编写过程中还借鉴了其他文献和资料，在这里向原作者表示诚挚的谢意。

由于编者水平有限，加之时间有限，不足之处在所难免，望广大读者批评指正。

编　者

2015年6月

目录

基础篇

第1章　CG手绘的基本知识

第2章　Photoshop软件应用基础

第3章　Painter软件应用基础

应用篇

第4章 静物系列实例详解

第5章 风景系列实例详解

第6章 场景系列实例详解

第7章 人物系列实例详解

提高篇

第8章 主题性绘画创作

基础篇

第1章

CG手绘的基本知识

本章主要讲述CG手绘的概况、分类及应用的基本工具和使用技法。通过本章的学习，读者可对CG手绘有一个基本的了解，以便在以后的学习过程中快速适应和把握该课程内容。

教学目标

- 了解CG手绘的基本历史、现状和发展趋势
- 了解CG手绘基本的使用工具
- 掌握CG手绘的基本技法

1.1 CG手绘的概述

1.1.1 CG手绘的历史

CG 是 Computer Graphics 的简称，而 CG 手绘则是传统手绘艺术在电脑表现艺术的延伸，也称为电脑美术、电脑插画，它是现代科技发展的情况下出现的一种新的艺术表现形式。有人认为电脑美术就是计算机图像学，但笔者对此持有不同的观点。首先，CG 手绘是一种艺术，是人的主观的艺术创造，这是第一位的；其次，它是一种现代科技，是借助电脑这种现代媒介的表现方法。

电脑美术的发展起源于 1952 年。这一年，美国人 Ben Laposke 用模拟计算机制作的波型图——“电子抽象画”预示着电脑美术的开始。1963 年，Ivan Sutherland 在麻省理工学院发表了名为“画板”的博士论文，它标志着计算机图形学的正式诞生。由此可见，电脑美术要比计算机图形学出现的时间还要早。

从目前学术界的观点来看，通常把电脑美术的发展分为三个阶段。

1. 早期探索阶段（1952 年—1968 年）

这一阶段，主创人员大部分为科学家和工程师，作品以平面几何图形为主。1963 年，美国《计算机与自动化》杂志开始举办“计算机美术比赛”。这一阶段的代表作品有：1960 年，Wiuiam Ferrter 为波音公司制作的人体工程学实验动态模拟，模拟飞行员在飞机中遇到的各种情况；1963 年，Kenneth Know lton 的打印机作品《裸体》；1967 年，日本 GTG 小组的《回到方块》等。

2. 中期应用阶段（1968 年—1983 年）

以 1968 年伦敦第一次世界计算机美术大展以“控制论珍宝”Cybernehic Serendipity1 为标志，电脑美术的发展进入世界性研究与应用阶段，计算机与计算机图形技术在这个阶段逐步成熟。一些大学开始设置相关学院设置课题，出现了一些 CAD 应用系统和计算机图形方面的成果，同时三维造型系统产生并逐渐完善。这一阶段的代表作品有 1983 年美国 IBM 研究所 Richerd Voss 设计的“分形山”等。

3. 应用与普及阶段（1984 年至今）

在这一阶段，以普通电脑和工作站为平台的个人计算机图形系统逐渐走向成熟，大批商业性美术（设计）软件面市。以苹果公司的 MAC 机和图形化系统软件为代表的桌面创意系统被广泛接受，CAD 成为美术设计领域的重要组成部分。这一阶段的代表作品有 1990 年 Jefrey Shaw 的交互图形作品《易读的城市》等。

1.1.2 CG手绘的发展

中国的 CG 手绘起步虽晚，但发展较为迅速。1982 年，浙江大学成立了计算机美术课题研究小组；1986 年，江西师范大学的计算机科学系与美术系的老师及项目单位技术人员创建了 JXNC 电脑美术组；1990 年，齐东旭与当时中科院研究所的王裕国等人合作用 C 语言完成了中国第一个三维动画片《熊猫盼盼》；1993 年 4 月 11 日，《北京青年报》发表文章：《93 中国电脑美术正大步走来》，预示着中国的电脑美术已经开始在中国发展，并且我国自己用计算机参与制作的第一部科教片《相似》也获得了广电部的嘉奖；同一年，中央美术学院电脑美术工作室成立，“93 电脑美术展示会”如期举行，展示会当晚中央电视台的《新闻联播》做了报道；2001 年，著名科学家李政道与画家吴冠中倡导的“艺术与科学”国际作品展学术研讨会在清华大学美术学院拉开帷幕，江泽民、温家宝等国家领导人参观了该展览；2001 年 11 月 23 日，由中国美术家协会主办的首届“中国国际电脑艺术设计展”在南京国际展览中心举行，这是国内第一次综合性的新媒体艺术节。

2011 年，“扶持动漫产业发展部际联席会议”在北京举行，文化部、财政部、教育部、科技部、工业和信息化部、商务部、国家税务总局、国家工商总局、国家广电总局、新闻出版总署等机构的相关负责人出席本次会议，会议结合各单位在推动 CG 动漫产业发展上的职责，总结了联席会议制度建立以来在推动动漫产业发展方面所取得的成果和经验，并对下一阶段的工作要点进行了部署。扶持动漫产业的政策制定加速了中国 CG 行业的发展，各种相关公司遍地开花，中国的 CG 行业以前所未有的速度向前发展。

“十一五”时期（2006—2010），在中央和地方各级政府的高度重视下，在扶持动漫产业发展国际联席会议各成员单位的着力推动下，我国动漫产业整体进入快速发展时期。这一时期，我国动漫产业规模从小到大，根据文化部开展的 CG 动漫产业专项调查的数据，动漫产业核心产品直接产值从“十五”时期的不足 20 亿元，到 2009 年已经达到 64.3 亿元，2010 年突破 80 亿元；同期，动漫产品数量由少到多，自 2006—2010 年，国产电视动画片从 8 万分钟增长到 22 万分钟，动画电影批准备案数量从 12 部增长到 46 部；在产业规模扩大和产品数量增加的同时，我国动漫企业也逐渐从弱到强，到 2009 年，年产值在 3000 万元以上的企业已有 24 家，年产值超过 1 亿元的企业有 13 家。总体来看，我国动漫产业已经从发展的成长期向成熟期过渡，2014 年我国动漫产值突破 1000 亿元，已经从动漫大国开始向动漫强国迈进。

1.1.3 CG手绘的应用

CG 手绘的应用领域非常广泛，主要应用于平面设计和立体设计领域。平面设计包括广告类、插画类、二维动画、影视、服装设计等各方面。而三维设计的应用更是广泛，尤其是动漫和电视电影中时时存在着电脑三维艺术的应用。并且，相应的各种电脑美术绘制软件也应运而生。CG 手绘已经越来越广泛地应用于各个领域，具体有以下几方面。

1. 使用电脑进行广告插画、书籍插图、建筑装潢等

现代插画的形式多种多样，既可由传播媒体分类，也可由功能分类。以媒体分类，基本上分为两大部分，即印刷媒体与影视媒体。印刷媒体包括招贴广告插画、报纸插画、杂志书籍插画、产品包装插画、企业形象宣传品插画等，如图 1-1 所示（美国，Guido Daniele）。

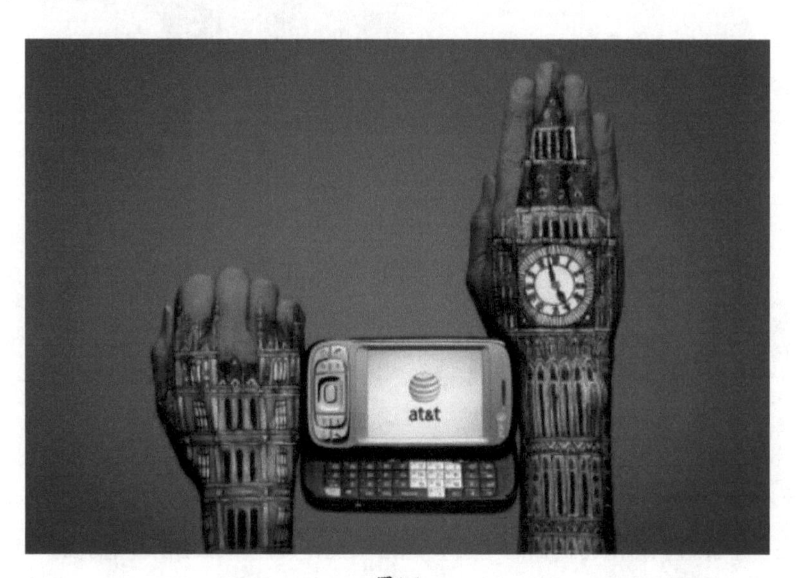

图1-1

2. 影视动画场景、人物角色设计等前期概念设计

影视动画场景设计就是指动画影片中除角色造型以外的随着时间改变而变化的一切物的造型设计。场景就是随着故事的展开，围绕在角色周围，与角色发生关系的所有景物，即角色所处的生活场所、陈设道具、社会环境、自然环境以及历史环境，甚至包括作为社会背景出现的群众角色，都是场景设计的范围，如图 1-2 所示（美国，阿凡达）。

图1-2

3. 动漫卡通的设计与绘制

动漫卡通近几年在我国获得了很大的发展，也为动漫卡通衍生品提供了上升的空间，并且，在商业领域中的应用越来越广泛。动漫画在包装设计方面的应用和影响的范围也越来越市场化、产业化、国际化，同时动漫卡通还丰富了包装设计的视觉表现，如图 1-3 所示（美国，Disney）。

图1-3

4. 游戏美术的应用与制作

动漫游戏是一个拥有巨大潜力的新兴产业，通俗地说，凡是游戏中所能看到的一切画面都属于游戏美术，其中包括了地形、建筑、植物、人物、动物、动画、特效、界面等。相应地，游戏美术设计

师、角色动画设计师、高级动漫游戏造型设计师、3D 多媒体设计师等职位发展空间也非常广阔，如图 1-4 所示（美国，David Levy）。

图1-4

5. 艺术家用电脑作为绘画工具

电脑绘画最大的优点首先是颜色处理真实、细腻、可控，其次是修改、变形变色方便，艺术家可以尽情展示自己的艺术风格，所以现在很多艺术家开始尝试用电脑进行纯艺术绘画创作，如图 1-5 所示。

图1-5

6. 其他领域的应用

CG 手绘在其他领域也有一定应用，如服装设计、平面印刷品的设计、网页设计、三维动画、多媒体技术、以计算机辅助设计为主的建筑设计及工业造型设计等，如图 1-6 所示（法国，Marianne · Goldin）。

图1-6

1.2 CG手绘的分类

1.2.1 写实类手绘

写实绘画在艺术形态上属于具象艺术，它是绘画的一种表现手法。艺术家通过对外部物象的观察和描摹，亲历自身的感受和理解而再现外界的物象，力求逼真、生动。这种艺术作品符合观者的视觉经验，为观者提供感官上的审美愉悦。

写实绘画源自西方，具有悠久的历史和深厚的传统。直至“照相机”与“摄影术”的出现，才一度使人们对写实绘画的功用产生了怀疑。事实上，摄影无论从情感角度还是思想角度都不能取代绘画。写实绘画手法，至今仍在不同领域被用得恰到好处，也体现出了写实绘画的价值，如图 1-7 所示。

图1-7

1.2.2 卡通类手绘

从具象角度来看卡通类手绘，其实绝大多数也属于写实类手绘，但是卡通绘画已经成为一种成熟的、风格非常鲜明的画种，所以如果从这个角度进行分类，我们可以把卡通类手绘列为单独的一类，如图 1-8 所示（日本，宫崎骏）。

图1-8

1.2.3 抽象类手绘

抽象绘画是以直觉和想象力为创作的出发点，排斥任何具有象征性、文学性、说明性的表现手法，仅将造型和色彩加以综合、组织在画面上。因此，抽象绘画呈现出来的纯粹形色，类似于音乐。CG 手绘因其表现力远远大于传统绘画，使其在抽象绘画中更是得心应手，更适合一些抽象派艺术家尽情发挥，如图 1-9 所示。

图1-9

1.3 CG手绘的表现技法

在 CG 手绘中，我们能够看到风格不同且非常有艺术性的作品，虽然这些作品从表现形式看有些简单，有些复杂，但都能带给我们强烈的视觉冲击力。通过对这些作品表现方法的研究，我们可从技法上进行分解，其表现技巧不外乎以下 4 种：一是块面平涂法；二是色彩渐变法；三是线条描绘法；四是综合运用法。下面来分别解释一下这四种方法。

1.3.1 块面平涂法

块面平涂法就是将颜色非常平均地平涂在物体造型所约束的范围之内，一块颜色基本上没有笔触和明暗变化，而是通过多块颜色平涂后产生物体的造型变化和光影变化。平涂是绘画表现方法中的一种主要方法，均匀的平涂也是装饰性绘画的常用技法。平涂画法不仅是一种绘画技法，还演变成了一种绘画风格，如图 1-10 所示（美国，MGM）。

图1-10

块面平涂法在 CG 手绘中通常有以下两种方式来完成；一是利用软件中的油漆桶进行填充；另一种就是用画笔利用单一色彩进行涂抹。

1. 油漆桶技法

油漆桶技法有一个特点，就是只要一片区域是同一种颜色，要想控制填充的图形，就要给这个区域进行规范，用线或其他颜色来制造一种形状，然后进行填充，如图 1-11 所示。

图1-11

2. 画笔填充

画笔填充技法是通过软件提供的画笔涂抹出自己想要的形状。这种方法可以不提前限制一种图形，直接用画笔表达自己想要的图形，在用笔时要注意不要留下没有涂抹的空隙，以便边沿保持整洁圆润，如图 1-12 所示。

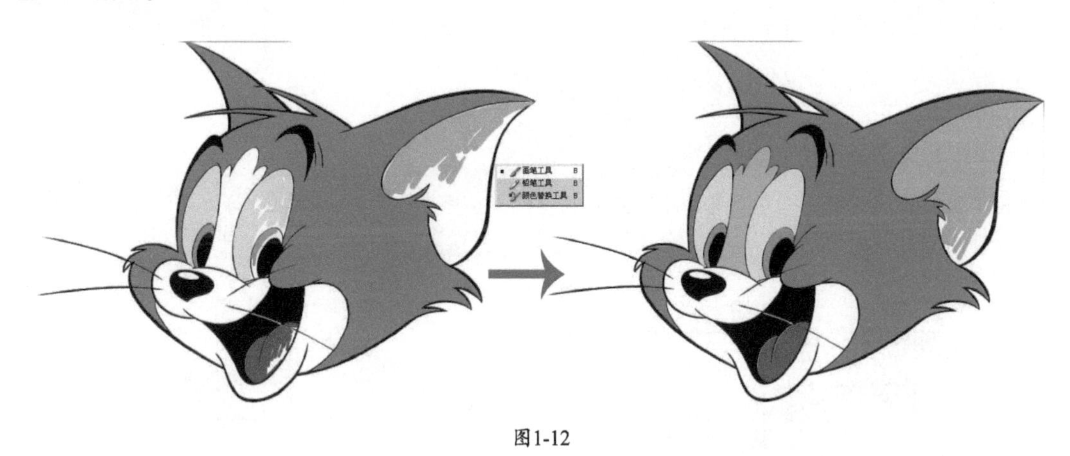

图1-12

1.3.2 色彩渐变法

渐变的表现方法之所以被很多人喜欢，是因为相对于平涂画法，它增强了表现力，可以创造出很多更为丰富的效果。渐变画法是同一种颜色在明度上进行由 A 到 B 的渐变，再就是两种或两种以上的颜色从色相上由 A 到 B 的渐变。同样，渐变的应用也有两个主要的表现技巧：一是通过软件已经提供的功能完成，如用 Photoshop 中的渐变填充工具；二是用画笔进行不同色彩的渐变，然后用模糊滤镜或涂抹工具进行细节过渡，如图 1-13 所示（美国，Disney）。下面我们将对这两种主要的表现技巧进行逐一阐释。

图1-13

1. 利用渐变工具完成渐变的技法

这种方法要事先规范一个封闭形状，如方形的背景天空等，渐变色彩的数量可以在渐变设置中设定，如图 1-14 所示。

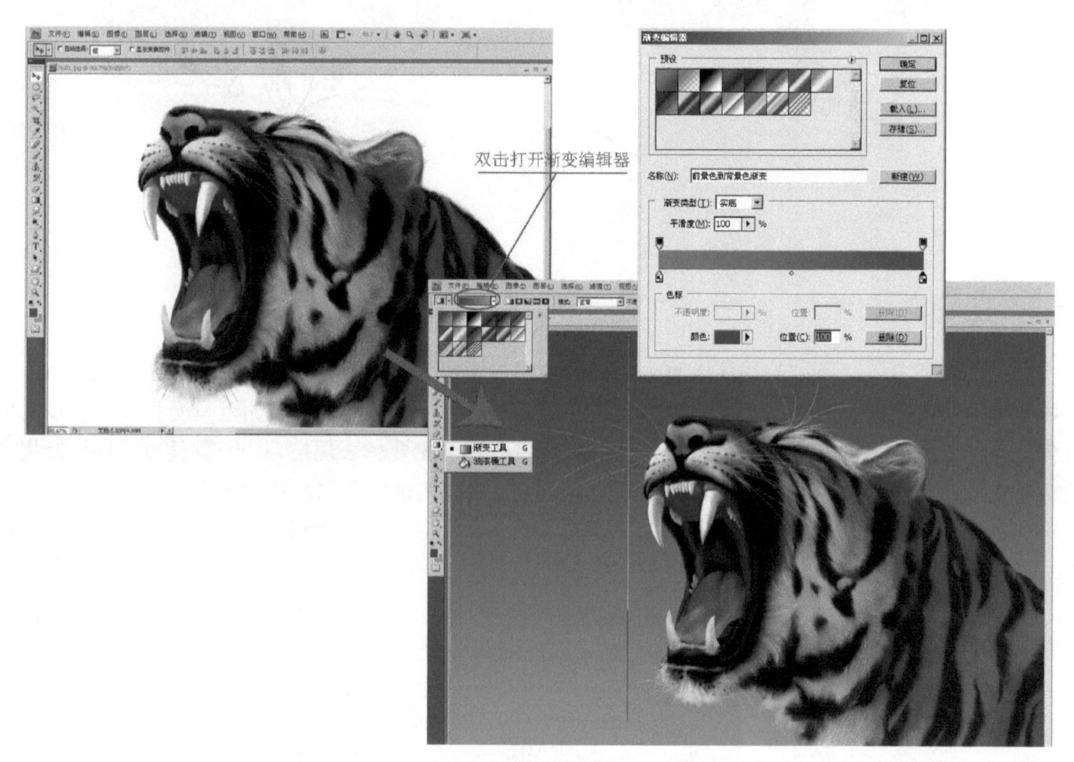

图1-14

2. 利用画笔完成渐变的技法

利用画笔进行渐变描绘要注意，至少要 A 和 B 两种色彩并置，如果想获得更好的过渡效果可以并置两种以上的色彩，色阶越丰富，过渡则越自然，通常可以用滤镜中的模糊工具和涂抹工具来完成，如图 1-15、图 1-16 所示。

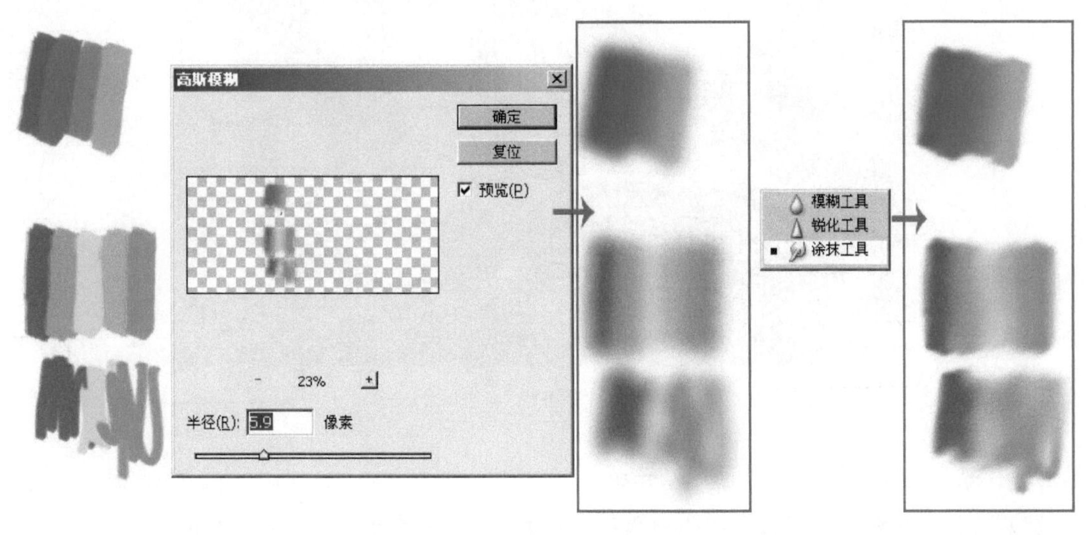

图1-15

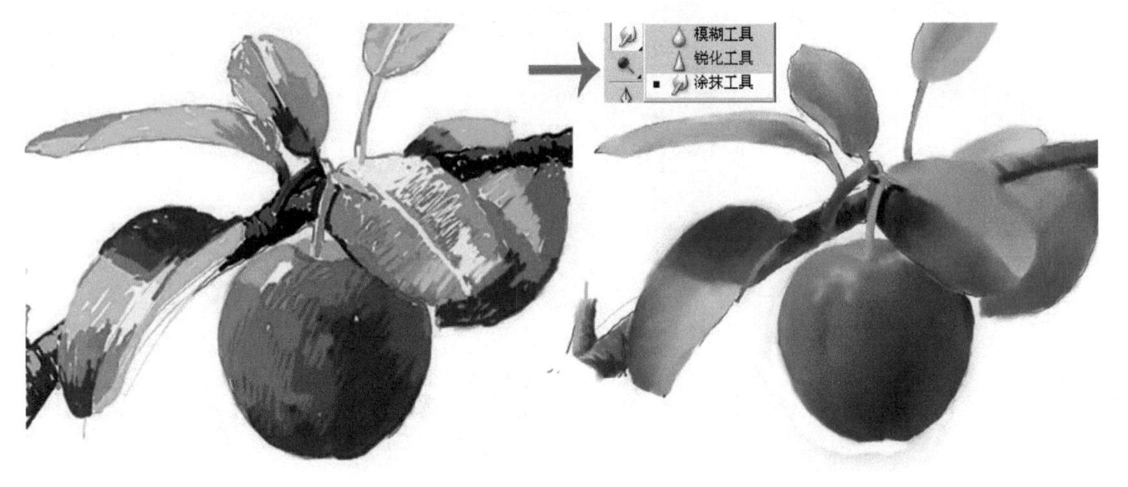

图1-16

1.3.3 线条描绘法

在中国绘画中，线描既是具有独立艺术价值的画种，又是造型基本功的训练手段，还是工笔画设色之前的工序过程。线描不仅可以勾画静态的轮廓，还可以表现动态的韵律。中国历代画家对线有着深刻的认识和高超的造诣，他们用千姿百态的线条，抒发情感，描绘自然，使"线"在绘画作品中具有独特的魅力。捕获感觉特征线条的训练应该从观察方法开始，常用的线条有直线、曲线和折线。直线有垂直线、水平线、斜线、折线和交叉线等；曲线有弧线、波浪线、螺旋线等。在实际绘画中，应该通过比较和感受有目的地对线条进行取舍、提炼及加工，如图 1-17 所示（美国，Andy Brase）。

图1-17

1. 用路径工具（钢笔工具）描绘的线条

钢笔画出的线条可以利用软件提供的路径工具进行调整，使之更加精确，更加符合自己的意愿，但是也正是因为这个原因，钢笔画出的线条缺少了率真的感觉，如图 1-18 所示。

图1-18

2. 用画笔直接手绘的线条

用画笔画出的线条更加接近画家的气质，在软件中我们可以对画笔进行个性化设置，画出丰富多样的线条，如图 1-19 所示。

图1-19

1.3.4 综合应用法

综合应用画法就是将上面几种画法根据画面的需要进行综合运用，它是最为常用的一种画法，也是表现力最强的一种画法，如图 1-20、图 1-21（美国，Craig Mullins）所示。

图1-20

图1-21

1.4 CG手绘表现工具

1.4.1 数位板

1. 数位板

数位板又名绘图板、绘画板、手绘板等，它是计算机输入设备的一种，通常由一块板子和一支压感笔组成。它和手写板都属于非常规的输入产品，在功能上具有相似性，但是与手写板有所不同。数位板的主要使用人群是设计类的专业人士，其作用主要被应用于绘画创作方面，板子和压感笔就如同画家的纸和画笔；而手写板通常只是电脑的外设输入工具，不具有压感。在电影中，我们常见的超越现实的逼真的画面，就是通过数位板一笔一笔画出来的，而键盘和手写板是无法与数位板的绘画功能相媲美的。数位板主要面向设计、美术相关专业师生。

当前市场的主流数位板品牌有以下几个。

（1）Wacom 数位板

Wacom 影拓是一家全球顶尖的用户界面产品生产商，其产品在电脑辅助 CAD 设计、DTP、CG 等领域占据着支配地位，也已成为业界最高技术与最新潮流的引领者。

（2）友基数位板

友基数位板由友基科技研发生产，这是一家拥有国际先进水平的专业图形数字化产品生产企业，是中国最早从事手写数字化产品的研发、生产和服务的高科技企业之一。

（3）凡拓数位板

Genius（精灵品牌）拥有强大的技术研发队伍，Genius 拥有专利权、著作权和商标权共 433 件，公司以“凡拓”为品牌，意欲打造全新的绘图板业务版图。

（4）汉王数位板

汉王数位板由国内文化创意产业龙头企业汉王科技研发生产，该企业主要生产具有较低价格的数位板产品。汉王数位板采用了获得国内外专利的无线无源设计，绘画笔无需电池，绘画者在创作时可以不受电源的羁绊。

（5）绘王数位板

绘王数位板由深圳市绘王动漫科技有限公司研发生产，这是一家致力于动漫、数字化绘图、手写输入等领域产品开发的专业企业。

数位板硬件上采用的是电磁式感应原理，在光标定位及移动过程中，完全是通过电磁感应来完成的。数位板的板子内有一块电路板，上面有横竖均衡排列的线条，将数位板切割成一定数量的正方形，板面上方产生均衡的纵横交错的磁场，笔尖在数位板上移动的时候，切割磁场，从而产生电信号；通过多点定位，数位板芯片就可以精确地确定压感笔尖的位置，因此在数位板光标移动过程中压感笔不需要接触数位板就可以移动，感应高度一般为 15 毫米。压感产生于笔中的压力电阻，通过磁场信号反馈到数位板上。有源无线的数位板原理和无源无线的数位板原理有一定区别，有电池的笔本身可以释放出一定的磁场，而无电池的笔则可通过数位板产生的磁场反射来完成。随着科学技术的发展，数位板作为一种绘画的输入工具，已经成为鼠标和键盘等输入工具的有益补充，其应用范围也从二维作画向 3D 绘图、3D 雕刻等方向不断拓展，如图 1-22 所示。

图1-22

2. 数位板的压感级别

压感级别就是用笔轻重的感应灵敏度。压感分为三个等级，分别为 512（入门级）、1024（进阶级）和 2048（专家级）。

压感级别越高，就越可以感应到细微的力度，假设用笔力度为 0~1，512 级压感可以把一份分成五份，1024 级分为十份，2048 级分为二十份。随着 2048 级压感的逐渐普及，1024 级压感有变成入门级的趋势，就像当初 1024 级压感逐渐取代 512 级压感那样。随着 Wacom 公司将 bamboo 系列数位板压感升级为 1024 级后，市面上已经没有 512 级别压感的数位板了。

数位板压感的测试方法为：在绘图软件上放大画布，看线条的粗细变化是否匀称，变化越均匀说明压感越高（注意：当前部分软件可能不支持 2048 级压感）。

3. 数位板的分辨率

分辨率某种意义上可理解成数码相机的像素。当前常见的分辨率有 2540、3048、4000、5080。分辨率越高，板子的绘画精度越高，早期数位板精度不够的时候，将笔放在数位板上，光标可能因为精度不足而不断抖动，现在已经很少出现这个问题了。

4. 数位板的工作原理

假设数位板的实际使用面积是由无数细小的方块组成的，分辨率的高低就是指单位面积里方块数量的多少，方块越多，则每画一笔，可读取的数据就越多。相同的一笔，分辨率越高，信息量越大，线条越柔顺。

数位板分辨率的测试方法为：在绘图软件中把画布放大到800%，然后看组成线条的方块是否均匀，越均匀，那么分辨率越高。

5. 数位板的读取速度

读取速度就是感应速度。当前数位板的读取速度有100、133、150、200、220PPS等，目前数位板的读取速度普遍都在133PPS以上。

由于手臂速度的极限，读取速度的高低对画画的影响并不明显，现行产品最低为133PPS，读取速度最高为230PPS，100PPS以上一般不会出现明显的延迟现象，200PPS基本没有延迟。

数位板读取速度的测试方法为：在板面上快速来回画线，看是否有延迟断线、折线等现象出现。

6. 数位板的板面大小

选择数位板时，板面的尺寸非常重要。当前数位板的常见板面大小由4×6英寸/4×5英寸（大约为A5的一半）、5×8英寸/6×8英寸（大约为A4纸的一半）、9英寸×12英寸(A4纸大小)、12英寸×19英寸等（单位为英寸，1英寸=2.54厘米）。

最适合绘图的数位板应该是在数位板板面上基本能够容纳使用者的两个手掌或者略微大一点的尺寸。Wacom公司的数位板产品是5×8宽屏比较受欢迎；友基公司的数位板产品基本上被设计为6×8，这种尺寸最适合普通绘图爱好者使用。如果使用者手掌较小或者对版面的需求不大，可以考虑小尺寸的4×6或者4×5大小的数位板，这类数位板也更加适合携带。

需要提醒使用者在选择数位板时，应该注意的事项有以下两点：一是选择的板面太小，使用者的手腕手臂会舒展不开，对细节描绘时会略显吃力，长期使用容易对手臂肌肉、关节等处造成过度劳损；二是选择的板面太大，会增大使用者在绘图时的手臂运动范围，长时间使用容易产生疲劳感。所以，使用者在选择数位板时应根据自己的实际情况合理选择。

数位板可以让你找回拿着笔在纸上画画的感觉，不仅如此，它可以模拟各种各样的画家的画笔，如模拟最常见的毛笔，当我们用力的时候毛笔能画很粗的线条；当我们用力很轻的时候，它可以画出很细很淡的线条；它还可以模拟喷枪，当你用力一些的时候它能喷出更多的墨，范围也更大，而且还能根据你的笔倾斜的角度，可以喷出扇形等效果。除了模拟传统的各种画笔效果外，它还可以利用电脑的优势，做出传统工具无法实现的效果，如根据压力大小进行图案的贴图绘画。

好的硬件需要好的软件的支持，数位板作为一种硬件输入工具，结合Painter、Photoshop、SAI等绘图软件，可以创作出各种风格的作品，如油画、水彩画、素描等。

7. 压感笔

压感笔不但可以像手写板一样写字，而且具有压力感应的笔头可以根据你用力的大小，模仿出用不同工具画出的图像，如图1-23、图1-24所示。

图1-23

握压感笔时，只要用平常握铅笔或钢笔的方法就可以了。将压感笔倾斜到一定程度，以可以舒服的控制为使用标准。压感笔能够在距数位板5毫米处的地方对内容进行识别，所以在你移动光标时，没有必要一定要让笔尖紧触数位板的表面。

压感笔的使用方法为：在移动光标时，在数位板表面上微微举起压感笔，然后将笔移动到预设的位置即可；使用压感笔单击时，用笔尖轻点数位板表面一次，使用压感笔双击时用笔尖轻点数位板表面两次。

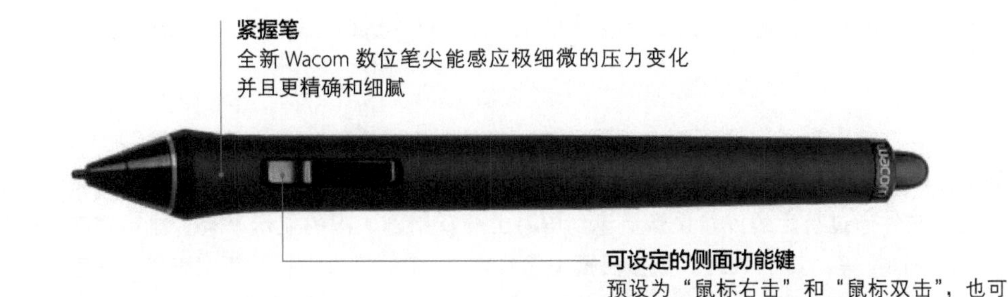

图1-24

1.4.2 电脑

电脑的配置，是衡量一台电脑性能的标准，主要看 CPU、显卡、主板、内存、硬盘、显示器等硬件配置。

1. CPU

中央处理器（Central Processing Unit，CPU）是一块超大规模的集成电路，是一台计算机的运算核心（Core）和控制核心（Control Unit）。它的功能主要是解释计算机指令以及处理计算机软件中的数据。

2. 内存

内存是计算机中重要的部件之一，它是与 CPU 进行沟通的桥梁。计算机中所有程序的运行都是在内存中进行的，因此，内存的性能对计算机的影响非常大，内存越大，电脑的运行速度越快。

3. 主板

主板又叫主机板（mainboard）、系统板（systemboard）或母板（motherboard），它分为商用主板和工业主板两种，安装在机箱内，是微机最基本的也是最重要的部件之一。

4. 硬盘

硬盘分为固态硬盘（SSD）、机械硬盘（HDD）、混合硬盘（HHD），其固态硬盘速度最快，混合硬盘次之，机械硬盘最慢。越大的硬盘存储的文件越多，另外硬盘的数据读取与写入的速度和硬盘的转速也是衡量硬盘性能的指标。台式机电脑一般用 7200 转，笔记本电脑一般用 5400 转，这主要是考虑到高速硬盘在笔记本电脑中由于电脑移动振动会意外刮伤硬盘盘片，以及功耗和散热原因。

硬盘速度又因接口不同、速率不同，一般而言，分为 IDE 和 SATA（也就是常说的串口）两种。早前的硬盘多是 IDE 接口，相比之下，其存取速度比 SATA 接口的要慢些。

硬盘也随着市场的发展，缓存由以前的 2MB 升到了 8MB、16MB 或 32MB 或更大，就像 CPU 一样，缓存越大，速度越快。

5. 显卡

显卡又称显示适配器，是计算机最基本配置、最重要的配件之一。显卡作为电脑主机里的一个重要组成部分，是电脑进行数模信号转换的设备，承担输出显示图形的任务。显卡接在电脑主板上，它将电脑的数字信号转换成模拟信号让显示器显示出来，同时显卡还是有图像处理能力，可协助 CPU 工作，提高整体的运行速度。对从事专业图形设计的人来说，显卡非常重要。

6. 电源

电脑电源是把 220V 交流电转换成直流电，并专门为电脑配件如主板、驱动器、显卡等供电的设备。

它是电脑各部件供电的枢纽，是电脑的重要组成部分。目前 PC 电源大都是开关型电源，要求功率足够和稳定性好。

7. 显示器

显示器（display）通常也被称为监视器。显示器属于电脑的 I/O 设备，即输入 / 输出设备。它是一种将一定的电子文件通过特定的传输设备显示到屏幕上再反射到人眼的显示工具。显示器与主板的接口有 VGA、DVI、HDMI 等，其中 VGA 只能接受模拟信号输入；DVI 接口中，计算机直接以数字信号的方式将显示信息传送到显示设备中，避免了两次转换过程；HDMI 接口可以提供高达 5Gbit/s 的数据传输带宽，可以传送无压缩的音频信号及高分辨率视频信号。同时，无需在信号传送前进行数 / 模或者模 / 数转换，可以保证最高质量的影音信号传送。

8. CG 手绘电脑配置要求

因为在进行图形色彩、亮度、图像处理时的工作量很大，所以需要使用者配置运算速度快、整体配置高的计算机，尤其在 CPU、内存、显卡上要求较高配置。

根据目前情况，笔者推荐以下配置，如表 1-1 所示。

表 1-1

配置	品牌型号	数量
CPU	Intel 酷睿i74790K	1
主板	技嘉G1.Sniper Z97	1
内存	金士顿骇客神条 8GB DDR3（KHX16C10B1B/8）	4
硬盘	希捷Barracuda 2TB 7200转 64MB SATA3（ST2000DM001）	1
显卡	Inno3D GTX770冰龙超级版	1
机箱	鑫谷雷诺塔T1	1
电源	银欣SST-ST60F-PS	1
散热器	超频三红海至尊版	1
键盘	罗技G510	1
鼠标	罗技M705	1

1.4.3 应用软件

要想进行电脑绘画，光有硬件设备是不行的，还要有相应的电脑软件运行。就目前来看，比较常用的电脑绘画软件主要有以下几款。

1. Adobe Photoshop

Adobe Photoshop 简称“PS”，是由 Adobe 公司开发和发行的图像处理软件。Photoshop 主要处理以像素所构成的数字图像，它使用其众多的编修与绘图工具，可以有效地进行图片编辑工作。PS 有很多功能，在图像、图形、绘画、文字、视频、出版等各方面都有涉及，并因其卓越的图像处理功能和强大的笔刷工具，为电脑绘画专业人士所钟爱。

2. Painter

Painter 是数码素描与数码绘画爱好者的不错选择。它是一款极其优秀的仿自然绘画软件，拥有全面和逼真的仿自然画笔。它是专门为渴望追求自由创意及需要数码工具来模仿、代替传统绘画的数码艺术家、插画画家及摄影师而开发的。它能通过数码手段复制自然媒质效果，是同级产品中的佼佼者，获得了业界的一致推崇。

3. Adobe Illustrator

Adobe Illustrator 是一种应用于出版、多媒体和在线图像的工业标准矢量插画的软件。作为一款非常好的图片处理工具，Adobe Illustrator 广泛应用于印刷出版、海报书籍排版、专业插画、多媒体图像处理和互联网页面的制作等，同时还为线稿提供较高的精度和控制，适合生产任何小型设计到大型的复杂项目。

另外，还有一些矢量插画软件，如 Flash、CorelDRAW；黑白漫画软件：ComicStudio，小巧而功能强大的 SAI 漫画软件等可供不同需求的绘图者选用。

第2章

Photoshop软件应用基础

本章主要讲述CG手绘中常用软件Photoshop的概况，通过对Photoshop软件界面、功能基本用法的讲述，使学生对Photoshop有一个初步的认识，大体了解在CG手绘中如何使用Photoshop。

教学目标

- 了解Photoshop基本功能及用法
- 熟悉Photoshop的应用工具
- 掌握Photoshop在CG手绘中的常用面板及工具设置

2.1 Photoshop概述

目前，Photoshop 支持 Windows 操作系统、安卓系统与 Mac OS，但 Linux 操作系统用户可以通过使用 Wine 来运行 Photoshop。

1987 年，Photoshop 的主要设计师 Thomas Knoll 购买了一台苹果计算机（Mac Plus）用于编写他的博士论文。在使用过程中他发现，当时的苹果计算机无法显示带灰度的黑白图像，因此他自己写了一个程序 Display；而他的兄弟 John Knoll 在导演 George Walton Lucas Jr. 的电影特殊效果制作公司 Industry Light Magic 工作，对他的程序很感兴趣。两兄弟在此后发的一年多的时间里把 Display 不断修改为功能更为强大的图像编辑程序。经过多次改名后，在一个展会上接受了一个参展观众的建议，并把程序改名为 Photoshop。此时的 Display/Photoshop 已经有了 Level、色彩平衡、饱和度等调整功能。此外，John Knoll 还编写了一些程序，后来成为插件（Plug-in）的基础。

1990 年 2 月，Photoshop 版本 1.0.7 正式发行；1993 年，Adobe 开发了支持 Windows 版本的 Photoshop，代号为 Brimstone，而 Mac 版本的代号为 Merlin。这个版本增加了 Palettes 和 16-bit 文件支持。通常 Photoshop 2.5 版本主要特性是被公认为支持 Windows 操作系统。2005 年 4 月，Adobe Photoshop CS2 发布，它是对数字图形编辑和创作专业工业标准的一次重要更新。2003 年，Adobe Photoshop 8 被更名为 Adobe Photoshop CS。2013 年 7 月，Adobe 公司推出了最新版本的 Photoshop CC，如图 2-1 所示。

图2-1

1. 运行要求

Photoshop 运行时需要一个暂存磁盘，它的大小应该是能处理的最大图像运行空间。通常的比例为：暂存盘大小为所处理的文件的 3~5 倍。例如，如果对一个 5MB 大小的图像进行处理，至少需要有 15MB ~25MB 可用的硬盘空间。如果没有分配足够的暂存磁盘空间，软件的性能会受到影响。要获得 Photoshop 的最佳性能，可将物理内存占用的最大数量值设置为 50%~75%。

我们可以自行设定暂存盘的空间和位置：在打开 Photoshop 时按 Ctrl+Alt 组合键，可在 Photoshop 载入之前改变它的暂存磁盘；也可以在“Photoshop/ 菜单 / 首选项 / 性能”中进行调整，以符合自己的作品要求，如图 2-2 所示。

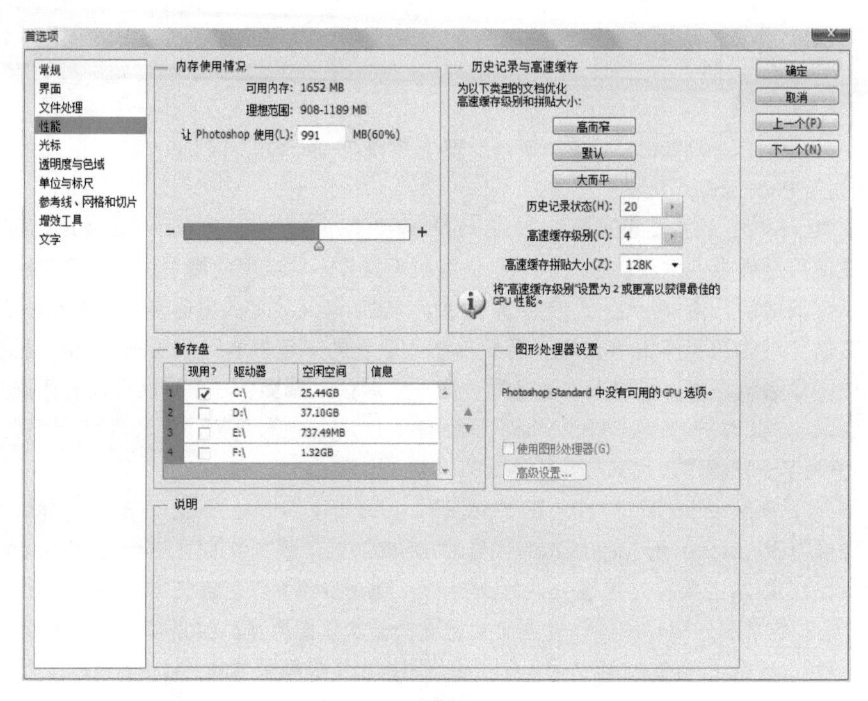

图2-2

2. 字体安装

在使用 Photoshop 的时候，我们会用到不同的字体，因为计算机系统中预装的字体有限，这就要求我们安装其他的字库。安装字库的方法有两种。

方法一：直接将下载的 TTF 文件解压到 c:\fonts 字体文件夹中。

方法二：在字体下用菜单安装新字体来解决，即打开控制面板，找到“字体”并打开，在“文件”菜单中选择“安装新字体”，找到解压的字体，确定即可，如图 2-3 所示。

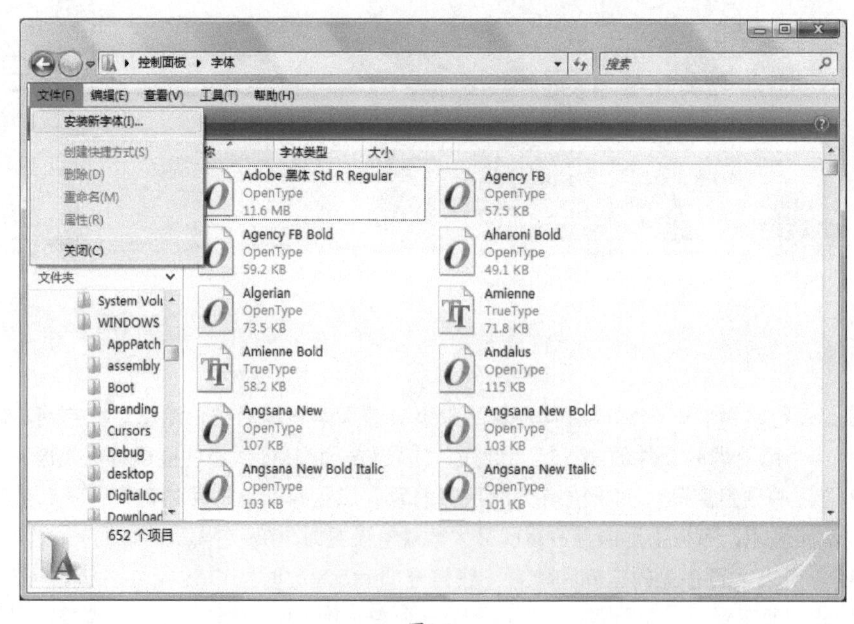

图2-3

3. Photoshop 应用领域

Photoshop 的专长在于图像处理，而不是图形创作。图像处理是对已有的位图图像进行编辑加工处理以及运用一些特殊效果，其重点在于图像的加工处理。

（1）平面设计

平面设计是 Photoshop 应用最为广泛的领域，无论是图书封面，还是海报招贴，这些平面印刷品都需要 Photoshop 软件来对图像进行处理。

（2）广告摄影

广告摄影作为一种对视觉要求非常严格的工作，其最终成品往往要经过 Photoshop 的修改才能得到满意的效果。

（3）影像创意

影像创意是 Photoshop 的特长，通过 Photoshop 的处理可以将不同的对象组合在一起，使图像发生变化。

（4）网页制作

网络的普及促使更多人需要掌握 Photoshop，因为在制作网页时，Photoshop 是必不可少的网页版式设计软件。

（5）后期修饰

在制作建筑效果图包括许多三维场景时，人物与场景的材质常常需要在 Photoshop 中处理、绘制。

（6）视觉创意

视觉创意与设计是设计艺术的一个分支，此类设计通常没有非常明显的商业目的，但由于它为广大设计爱好者提供了广阔的设计空间，因此越来越多的设计爱好者开始学习 Photoshop，并进行具有个人特色与风格的视觉创意。

（7）界面设计

界面设计是一个新兴的领域，受到越来越多的软件企业及开发者的重视。但在当前还没有用于做界面设计的专业软件，因此绝大多数设计者使用的都是 Photoshop。

4. Photoshop 与手绘

目前在计算机绘图方面可用的软件很多。较为常用的软件有 Painter、Photoshop、SAI、Illustrator、CorelDRAW 等，大家可以根据自己的情况和喜好来选择合适的软件。

Painter 是写实类画师的最爱，国外很多人使用这款软件。但由于市场占有率不如 Photoshop，国内很多人以自己已经熟悉的 Photoshop 入手。

SAI 是日本软件，最适合用于漫画类画作的创作，但不适合写实。该软件在其他图像处理功能方面不如 Photoshop 和 Painter。Illustrator、CorelDRAW，属于失量绘图软件；在图像处理方面缺少自己的优势。

当前，国内使用人数最多的绘图软件是 Photoshop，相较于其他软件，Photoshop 比较综合，功能更加全面。Photoshop 虽然没有 Painter 超仿真的笔刷，但是可以通过下载笔刷和自己制作笔刷进行补充，同样可以绘制出惊人的计算机手绘作品。所以在计算机手绘方面，上至计算机手绘行业的精英下至计算机手绘的初学者，会以 Photoshop 作为首选软件，如图 2-4 和图 2-5 所示。

图2-4

图2-5

2.2 工具箱

Photoshop 工具箱中有一个很重要的浮动面板，通常在软件界面的左边，可以一列显示，也可以折叠成两列。这个面板叫作工具箱。工具箱里面包含有几十种工具，它们被分布在工具箱上。每个工具都有快捷键，把鼠标停留一个具体的工具上约三秒钟，会出现相应的英文字符，这就是该工具的快捷键。默认的英文状态下，按键盘的相应字母即可选中该工具，如 v 代表移动工具。

每个工具旁边若有一个小的三角标识，说明该工具下面有一组工具。用鼠标单击即可展开该工具下的其他工具，如图 2-6 所示。

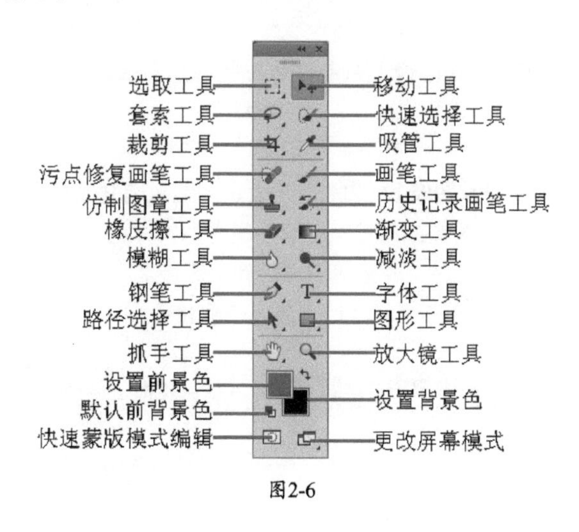

图2-6

2.2.1 选择类工具

1. 选取工具

选取工具用于规则图形的选择，是 Photoshop 中比较重要的工具，是编辑图形中规范编辑区域的常用工具，包含矩形、椭圆、单行、单列等选框工具，如图 2-7 所示。

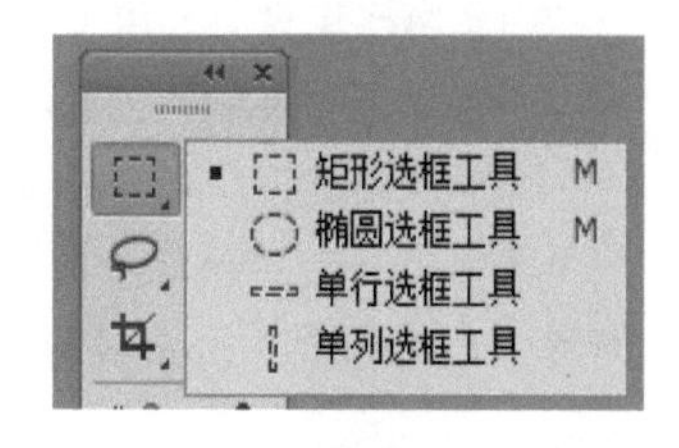

图2-7

【选框工具的快捷键】: M。

（1）矩形选取工具 ：选取该工具后在图像上拖动鼠标可以确定一个矩形的选取区域，而用户可以在选项面板中将选区设定为固定的大小。如果在拖动的同时按 Shift 键可将选区设定为正方形。

（2）椭圆形选取工具 ：选取该工具后在图像上拖动可以确定椭圆形选取工具。如果在拖动的同时按 Shift 键可将选区设定为圆形。

（3）单行选取工具 ：选取该工具后在图像上拖动可以确定单行（一个像素高）的选取区域。

（4）单列选取工具 ：选取该工具后在图像上拖动可以确定单行（一个像素宽）的选取区域。

工具属性设置栏每使用一个工具，在菜单的下方都会出现一个对应工具属性设置栏，如图 2-7 所示。工具属性设置栏有增加选区、减去选取、交叉选取几个功能，如图 2-8 所示。

图2-8

2. 移动工具

移动工具用于移动选取区域内的图像。如果有选区，并且鼠标在选区中，则移动选区内容；否则，移动整个图层，如图 2-9 所示。

【选择工具的快捷键】：V。

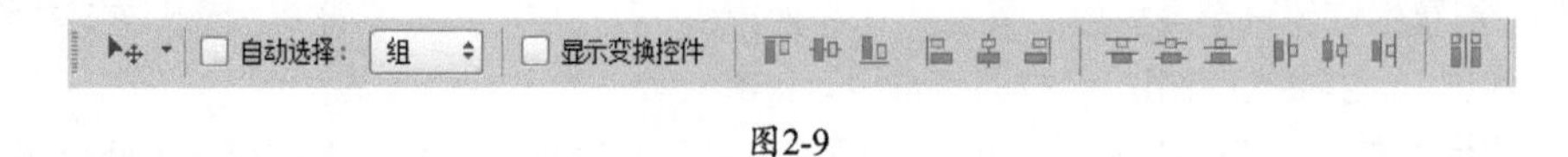

图2-9

3. 套索工具

图2-10

套索工具用于通过鼠标等设备在图像上绘制任意形状的选取区域（手动选择），如图 2-10 所示。

【套索工具的快捷键】：L。

（1）多边形套索工具：用于在图像上绘制任意形状的多边形选取区域。

（2）磁性套索工具：用于在图像上具有一定颜色属性的物体的轮廓线上的路径（自动捕捉边缘），当捕捉到多余的颜色时可用 Back Space（退格键）回复到上一步。

工具属性设置栏有增加选区、减去选区、相交选区、羽化选区几个功能，如图 2-11 所示。

图2-11

4. 魔棒和快速选择工具

图2-12

魔棒和快速选择工具用于将具有相近属性的连续像素点设为选取区域，如图 2-12 所示。

【魔棒工具的快捷键】：W。

（1）魔棒工具：用于将图像上具有相近属性的像素点设为选取区域，可以是连续或不连续的内容。

（2）快速选取工具：快速选取工具是根据计算，将相类似的色彩区域自动快速选取；但有一个缺点是选取不一定精确。两种工具选择像素取决于工具栏设置中的颜色容差。容差越小，颜色选择范围越小（精准度大）；容差越大，颜色选择范围越大（精准度小），如图 2-13 所示。

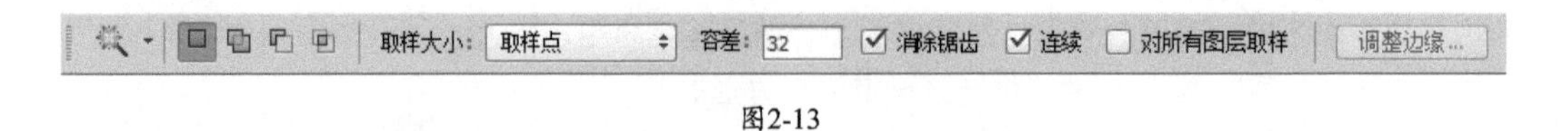

图2-13

5. 裁剪工具

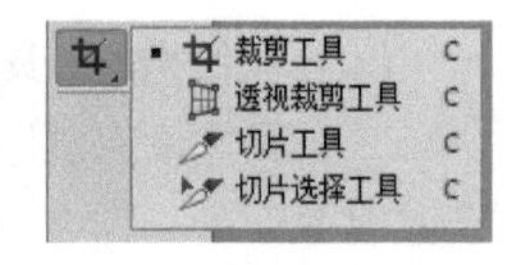

图2-14

裁剪工具主要用于从图像上裁剪需要的图像部分，而对裁剪区域外的一切图片都删除。裁剪类工具主要包括裁剪工具、透视裁剪工具、切片工具和切片选择工具。透视裁剪工具可以修正画面的透视变形，这里我们只介绍与本书内容相关的前两个工具，如图 2-14 所示。

【裁剪工具的快捷键】：C。

（1）裁剪工具：主要用于裁剪不需要的画面，用户使用的时候先拉好所需比例的框，然后移动或旋转框，设定好所需范围后按回车完成裁剪，如图 2-15 所示。

图2-15

（2）透视裁剪工具 其操作方法与裁剪工具相似，但是可以将裁剪区域调整为透视或不规则的四边形，从而改变图像的形态。

2.2.2 画笔类工具

画笔类工具是 Photoshop 中常用的一个工具，尤其在 CG 手绘中更为重要。

1. 图像修复工具

图像修复工具包括污点修复画笔工具、修补工具、红眼工具等几种。

（1）污点修复画笔工具 ：污点修复画笔工具会把一些与周围的色彩、形状差别较大的地方进行自动修复，使其模糊并与周边色彩保持一致，用户使用时应注意修复直径和硬度，如图 2-16、图 2-17 所示。

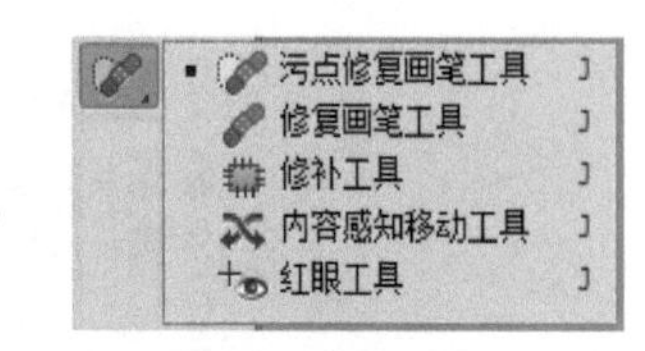

图2-16

【图像修复工具的快捷键】：J。

图2-17

（2）修复画笔工具 ：使用修复画笔工具要先取样（按 Alt+ 鼠标左键单击选择），再修复（取样时选择的点是固定点）。

（3）修补工具 ：使用修补工具时需取一定范围对另一个范围进行修补（使用时不要将透明勾起）。注：“源”将不要的污点放到干净的地方清除污点；“目标”将干净的地方放到不要的污点地方清楚污点。

（4）内容感知移动工具 ：用于移动图片中主体，并随意放置到合适的位置。移动后的空隙位置，Photoshop 会智能修复。

（5）红眼工具 ：用于去掉眼睛中的红色区域（自动将眼睛中的红色去色加深，增加对比度）。

2. 画笔工具

画笔工具是 Photoshop 中用于计算机绘画的一个重要工具，包括画笔工具、铅笔工具、颜色替换工具和混合器画笔工具。它们可模仿真实的画笔，用于在图像上作画，如图 2-18 所示。

图2-18

【画笔工具的快捷键】：B。

（1）画笔工具 ：用于绘制具有画笔特性的线条（像毛笔一样的字体，柔软）。

（2）铅笔工具 ：具有铅笔特性的绘线工具，绘线的粗细可调（像铅笔一样的字体，僵硬）。

（3）颜色替换工具 ：颜色替换工具能够简化图像中特定颜色的替换，用于校正颜色在目标颜色上绘画。颜色替换工具的原理是用前景色替换图像中指定的像素，因此使用时需选择好前景色。

（4）混合器画笔工具 ：混合器画笔工具是 CS5 新增的工具之一。它是较为专业的绘画工具，可以通过属性栏的设置调节笔触的颜色、潮湿度、混合颜色等。这些就如同我们在绘制水彩或油画的时候，随意地调节颜料颜色、浓度、颜色混合等。该工具可以绘制出更为细腻的效果图。

所有画笔我们可以进行属性设置，也可以预设或自制笔刷，这样可以弥补 Photoshop 自带笔刷的不足，如图 2-19 所示。

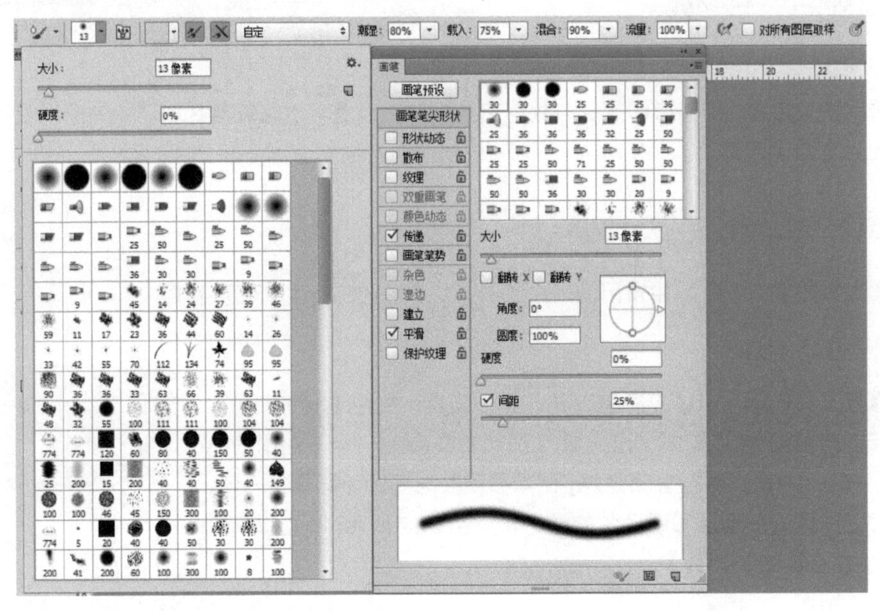

图2-19

3. 仿制图章和图案图章工具

图2-20

“仿制图章工具”和“图案图章工具”都具有修复和复制的功能。

【仿制图章工具的快捷键】：S。

（1）仿制图章工具 ：用于复制图像上用图章擦过的部分，将其替换到图像的其他区域。使用图章工具时要先取样（按住 Alt+ 鼠标左键单击选择）。

（2）图案图章工具 ：用于复制已经设定好的图像。

4. 历史画笔工具

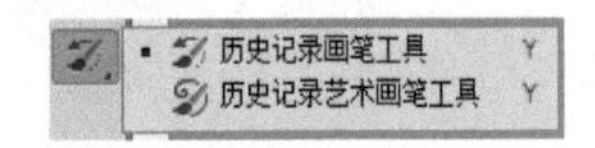

图2-21

历史记录画笔是 Photoshop 里的图像编辑恢复工具，使用历史记录画笔，可以将图像编辑中的某个状态还原出来。使用历史记录画笔可以起到突出画面重点的作用。历史画笔工具包含画笔工具和艺术历史画笔工具，如图 2-21 所示。

【历史画笔工具的快捷键】：Y。

（1）历史记录画笔工具 ：用于还原图像编辑中图像的某个状态。无论操作多少步，使用历史记录画笔都可以将图像还原到最初状态。

（2）历史记录艺术画笔工具 ：用于将指定的历史记录状态或快照作为源数据，以风格化描边进行绘画。可以通过使用不同的色彩和艺术风格模达到拟绘画纹理的目的。

5. 橡皮擦工具

图2-22

橡皮擦工具是 Photoshop 用使用频率较高的工具，主要用于擦除图像中不需要的部分。它包括橡皮擦工具、背景橡皮擦工具、魔术橡皮擦工具，如图 2-22 所示。

【橡皮擦工具的快捷键】：E。

（1）橡皮擦工具 ：用于擦除图像中不需要的部分，并在擦过的地方显示背景图层的内容，使用的是调色盘中背景色的颜色。

（2）背景橡皮擦工具 ：用于擦除图像中不需要的部分，并使擦过区域变成透明。

（3）魔术橡皮擦工具 ：用于自动擦除图像中不需要的部分，并使擦过区域变成透明。

6. 填充工具

填充是以指定的颜色或图案对所选区域进行处理。常用有四种方法：删除、颜料桶、填充和渐变。填充工具包括渐变工具与油漆桶工具，主要用于填充色彩，如图 2-23 所示。

图2-23

【填充工具的快捷键】：C。

（1）油漆桶工具 ：用于在图像确定区域内填充前景色，可以填充整个图形。

（2）渐变填充工具 ：用于在图像中填充渐变色。如果图像中没有选区，渐变色会填充到当前图层上；如果图像中有选区，渐变色会填充到选区当中。不管是在 Photoshop 中还是其他的制图软件中，渐变工具的功能大致都是一样的。渐变有五种模式：线性渐变、径向渐变、角度渐变、对称渐变、菱形渐变，如图 2-24 所示。

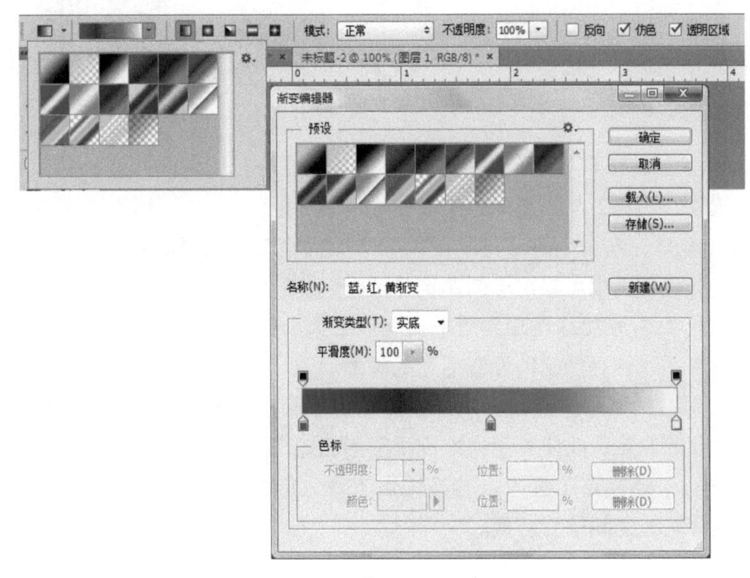

图2-24

7. 模糊锐化工具

模糊锐化工具用于图像某一部位的模糊和锐化效果。另外还有一个涂抹工具，可以设定成用手涂抹颜料的效果，如图 2-25 所示。

图2-25

（1）模糊工具 ：用于将涂抹的区域变得模糊。模糊有时候是一种表现手法。

（2）锐化工具 ：可以快速聚焦模糊边缘，提高图像中某一部位的清晰度或者焦距程度，使图像特定区域的色彩更加鲜明。

（3）涂抹工具 ：就是在图像上拖动颜色，使颜色在图像上产生位移，感觉是涂抹的效果，其选项和前两个工具相同。涂抹工具经常用于修正物体的轮廓，制作火苗、发丝、加长眼睫毛等。

8. 加深减淡工具

减淡用具用来增强画面的明亮程度，在画面曝光不足的情况下使用非常有效。加深工具的工作原理与减淡工具相反。另外，还有一个海绵工具，主要用于吸附对象的色彩。如果用的次数多了，图像就会变成黑白效果，如图 2-26 所示。

【加深减淡工具的快捷键】：O。

（1）减淡工具：可以把图片中需要变亮或增强质感的部分颜色加亮。

（2）加深工具：主要用来将图像变暗，颜色加深。

（3）海绵工具：可以将有颜色的部分逐渐变为黑白。

图2-26

2.2.3 矢量类工具

1. 路径工具

路径工具是编辑矢量图形的工具，对矢量图形放大和缩小，不会产生失真的现象，它包括钢笔工具和自由钢笔工具以及节点编辑工具。路径的作用：路径色主要用途是用于填充或描边图像区域轮廓或转换成选区，如图 2-27 和图 2-28 所示。

【路径工具的快捷键】：P。

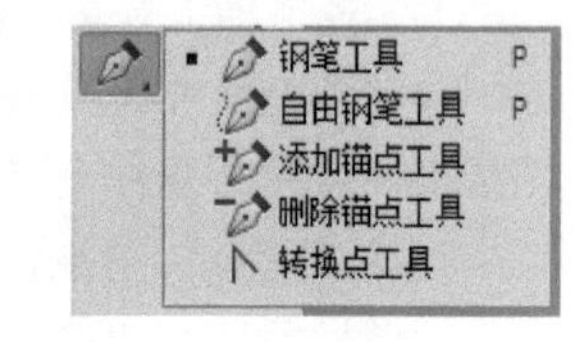

图2-27

图2-28

（1）钢笔工具：钢笔工具属于矢量绘图工具，其优点是可以勾画平滑的曲线，在缩放或者变形之后仍能保持平滑效果。钢笔工具画出来的矢量图形称为路径。

（2）自由钢笔工具：自由钢笔工具的使用方法比钢笔工具简便，它可以像铅笔一样在图片上随心所欲地绘图，自由钢笔工具也可以用于创建选区。

（3）添加锚点工具：添加锚点工具用于在路径上添加新的锚点。该工具可以在已建立的路径上根据需要添加新的锚点，以便更精确地设置图形的轮廓。

（4）删除锚点工具：删除锚点工具用于在路径上删除已有的锚点。该工具可以在已建立的路径上根据需要删除不需要的锚点，以便更精确地设置图形的轮廓。

（5）转换点工具：转换点工具可以转换锚点类型，可以让锚点在平滑点和角点之间互相转换，也可以使路径在曲线和直线之间相互转换。

2. 路径选择工具

路径选择工具主要用来修改路径，用户可以选中整条或多条路径进行变换。路径类选择工具包括以下两种，如图 2-29 所示。

（1）路径选择工具：路径选择工具可以选择一个闭合的路径或是一个独立存在的路径。

（2）直接选择工具：直接选择工具可以选择任何路径上的节点，如可点选其中一个或是按 Shift 连续点选多个。

图2-29

3. 文字工具

文字在 Photoshop 中是一种很特殊的图像结构。它由像素组成，与当前图像具有相同的分辨率，字符放大时也会有锯齿。但它同时又具有失量边沿的属性。文字工具可以跟路径工具一起使用，如图 2-30 所示。

【文字工具的快捷键】：T。

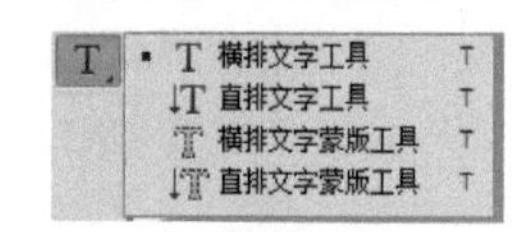

图2-30

（1）横排文字工具 ：Photoshop 的矢量文字输入工具，可以输入横向文字。

（2）直排文字工具 ：Photoshop 的矢量文字输入工具，可以输入竖向文字。

（3）横排文字蒙版工具 ：可以直接创建横排文字图形选区。

（4）直排文字蒙版工具 ：可以直接创建竖排文字图形选区。

4. 多边形工具

多边形工具实际上是一种预设的、带有失量图形性质的形状工具。它可以与路径工具配合使用。因为这些工具就是画失量图形，不具有其他功能，这里不再逐个描述，如图 2-31 所示。

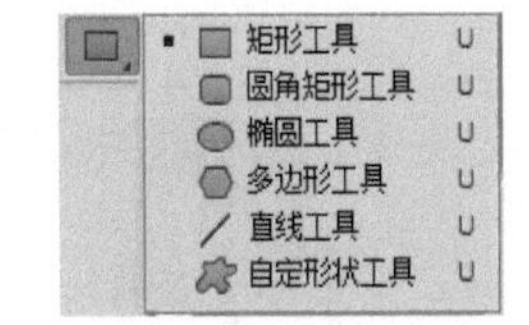

图2-31

【多边形工具的快捷键】：U。

2.2.4 颜色及视图控制类工具

1. 视图工具

视图工具主要作用是拖动视图和旋转视图，既可用于观察图像的部分，也可以以不同的角度观察图像，如图 2-32 所示。

图2-32

【抓手工具的快捷键】：H。

（1）抓手工具 ：抓手工具是一个常用的工具，用于移动图像处理窗口中的图像，以便对显示窗口中没有显示的部分进行观察。旋转视图工具可将视图进行旋转，但你的计算机必须具有 OpenGL 性能。

（2）旋转视图工具 ：旋转视图工具在图像窗口中按住鼠标左键拖动，图像中就会出现罗盘指针，即可任意旋转视图图像。

2. 放大镜工具

放大镜工具 ：用于放大或缩小图像处理窗口中的图像，以便进行观察和处理，“Ctrl+ +”或“Ctrl+ －”可直接使用该工具进行视图的放大和缩小。

【放大镜工具的快捷键】：Z。

3. 屏幕切换工具

屏幕切换工具用于屏幕模式转换。Photoshop 提供了几种屏幕模式，以便于不同的使用爱好者。用户也可以按“Tab”键进行切换，如图 2-33 所示。

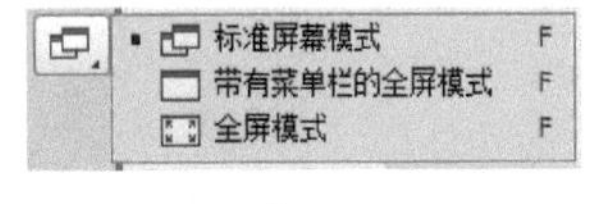

图2-33

【屏幕模式隐藏显示的快捷键】：Tab。

【屏幕模式转换的快捷键】：F。

（1）标准屏幕模式 ：在标准屏幕模式这种模式下，Photoshop 显示所有组件，如菜单栏、工具栏、标题栏和状态等。

（2）带有菜单栏的全屏模式 ：在该模式下，Photoshop 的选项卡和状态栏被隐藏起来。

（3）全屏模式 ：全屏模式隐藏所有窗口内容，以获得图像的最大显示空间，并且图像以外的空白区域将变成黑色。

4. 前景与背景色

前景与背景色 ：前景与背景色是 Photoshop 为我们提供的两种快捷颜色。在工具栏中，显示在前面的就是前景色，显示在后面的就是背景色，我们可以使用相应的前景色填充快捷键和背景色填充快捷键填充图层。键盘英文状态下，D 键是默认色，就是前景和背景变成黑白两色；X 键就是切换前景色和背景色。双击前景和背景的颜色块，都可以选择颜色。

【前景色的填充的组合键】: Alt+Delete。

【背景色的填充的组合键】: Ctrl+Delete。

2.3 图层类面板

2.3.1 图层面板

启动 Photoshop 后，在界面的右侧出现图层面板。如果在界面中找不到图层面板，那么用鼠标单击菜单栏上的“窗口 / 图层”命令，图层面板就会出现，如图 2-34 所示。

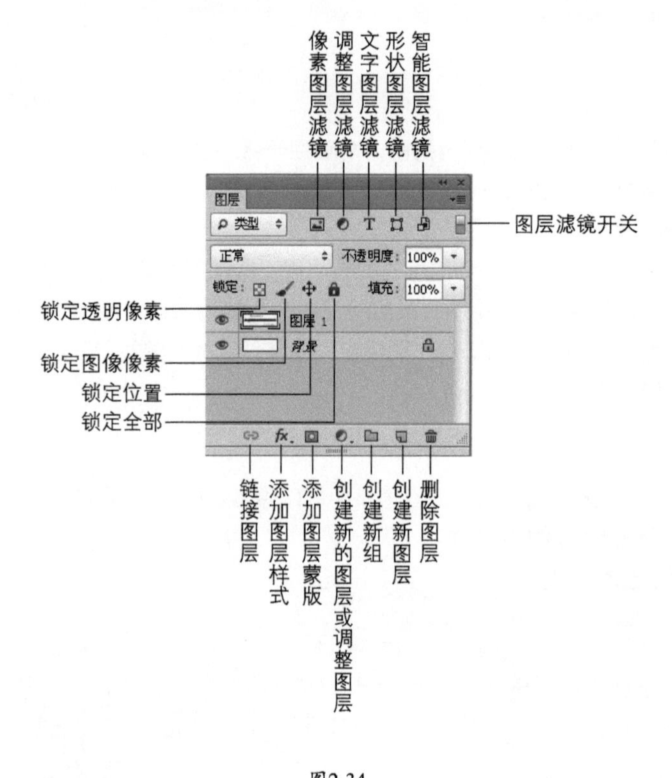

图2-34

1. 图层的操作方法

单击菜单栏中“图层 / 新建 / 图层”命令，弹出“新建图层”对话框，在“名称”文本框中输入新图层的名字，单击“OK”按钮，则图像中便创建了一个新图层。用鼠标单击图层面板底部的图标，也可以创建一个新图层。

（1）复制图层：将需要复制的图层设置为当前操作图层，单击图层面板右上角的图标，选择 Duplicate Layer（复制图层）即可复制此图层。还有个更快捷的方法：用鼠标按住需要复制的图层栏不放，并将其拖曳到图层面板底部的图标上也可以复制该图层。

（2）移动图层：当图像中有多个图层时，上面的图层要覆盖下面的图层，有时需要重新排列图层，而用鼠标拖动图层面板中的图层栏到所需要的图层栏之间即可移动图层。

（3）链接图层：用鼠标单击图层栏旁的小窗口，会有图标显示，这时表示该图层被链接。

（4）删除图层：将需删除的图层设为当前操作图层，然后单击图标，或单击右上角的图标，删除图层。

（5）混合选项：单击“图层 / 图层样式 / 混合选项”菜单命令，弹出“混合选项”对话框，调整该对话框的选项，可以方便地控制图层效果。单击图层底部的图标 fx.，在出现的命令菜单中也会出现“混合选项”对话框。在该对话框中有“内发光、描边、浮雕”等选项，勾选这些选项可使图层具有对应的效果。该对话框中有些选项还包含子选项，功能较强大，如图 2-35 所示。

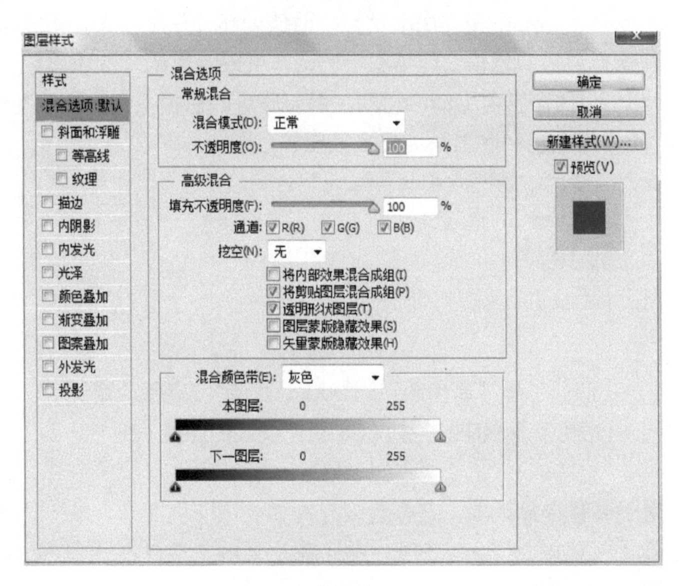

图2-35

（6）合并图层：对编辑完成的图层，建议执行合并图层命令，这样可以减少内存的占用。单击图层面板右上角的图标，出现图层菜单，用户可根据情况选择合并图层、合并可见图层、合并图层。

（7）设置混合模式：单击图层面板上混合模式栏旁的三角图标，弹出“混合模式”命令面板，如图 2-36 所示。将图层设置以下不同的混合模式，就会出现不同的效果。下面介绍经常使用的混合模式。

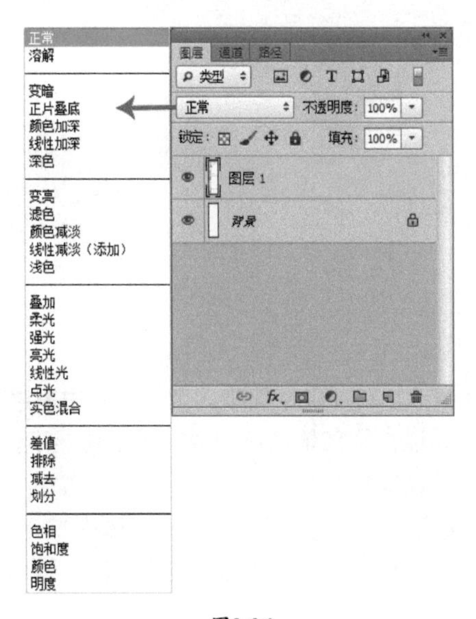

图2-36

① 正常（Normal）：该层的显示不受其他层影响，完全覆盖底层。

② 溶解（Dissolve）：该模式对有羽化边缘的或透明的图层影响较大。

③ 正片叠底（Multiply）：该模式将两层色彩相加，就像观看两层叠加在一起的幻灯片。

④ 柔光（Soft Light）：该模式柔滑高光区，并使暗区增加亮度得到柔光效果。

⑤ 强光（Hard）：使高光部分亮度增加，降低暗区亮度；使反差增大，形成强光照射的效果。

⑥ 差值（Difference）：该模式将本图层图像反转，然后与底层图像比较求差值。

⑦ 排除（Exclusion）：从当前层中减去底层色，从而使一部分色彩反转，不如差值效果强烈。

⑧ 色相（Hue）：保留当前层的色相，而与底层的饱和度混合形成特殊色彩。

⑨ 饱和度（Saturation）：保留当前层的饱和度，而与底层的色相混合，形成特殊色彩。

⑩ 颜色（Color）：用本层颜色和底层亮度混合形成的色彩。

⑪ 明度（Luminosity）：使用本层亮度和底层颜色院合形成的色彩。

2.3.2 通道面板和路径面板

1. 通道面板

通道分为三种类型，它们分别是“原色通道”“Alpha 通道”“专色通道”。

（1）原色通道：用于描述图像色彩信息，如 RGB 颜色模式的图像有 R（红）、G（绿）、B（蓝）三个默认通道。

（2）Alpha 通道：用于储存选择范围，它将选区存储为 8 位灰度图像，放入通道面板中，用来处理和保护图像的特定部分。只有 PSD、TIFF、PDF、PICT 等格式的文件才能保留 Alpha 通道，而以其他格式存储的文件可能会导致通道信息丢失。

（3）专色通道：用于记录专色信息，指定用于专色油墨印刷的附加印版，如图 2-37 所示。

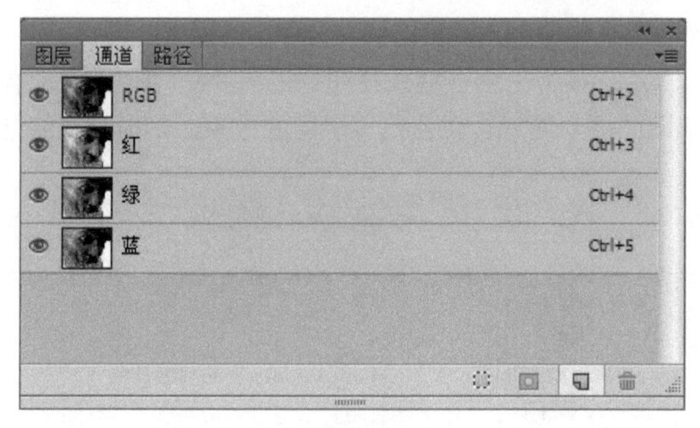

图2-37

2. 路径面板

路径面板与其他的控制面板类似。路径控制面板的构成主要由系统按钮区、路径控制面板标签区、路径列表区、路径工具图标区、路径控制菜单区所构成。正常情况下，如果使用位于工具面板上的路径工具来勾勒出一条路径的时候，路径控制面板中将自动生成一个名为工作的路径。如果需要将此路径层固定下来，则可以首先切换到路径控制面板下方的工具图标组中的新建图标上，这样当前的 WORK PATH 路径层将自动被命名为 PATH 1，自动路径层命名规则为 PATH1 依次累加），从而被固定下来，如图 2-38 所示。

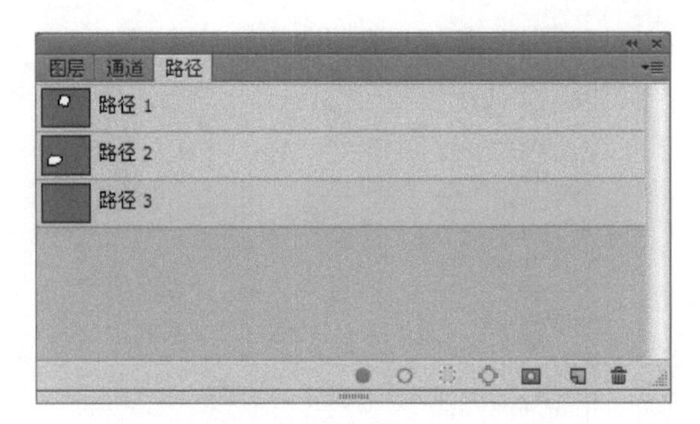

图2-38

2.3.3 色彩面板

色彩面板可分为颜色面板和色板，主要用来管理 Photoshop 中的颜色。

1. 颜色面板

利用 Photoshop 颜色面板设置前景色、背景色和使用工具箱中的颜色设置是一样的效果，只是使用颜色面板更加快捷方便。单击图 2-39 中右上角的下拉按钮，可以选择不同的选项：RGB 滑块、CMYK 滑块或灰度滑块等。“当前颜色”用于显示当前前景色和当前背景色之间的色谱。要仅显示 Web 安全颜色，请选取“建立 Web 安全曲线”。

2. 色板

色板的主要作用是用来选取颜色的。当鼠标放在上面，就会自动转换为吸管，用户单击鼠标则可以把前景色或者背景色改变为想要的颜色，如图 2-40 所示。

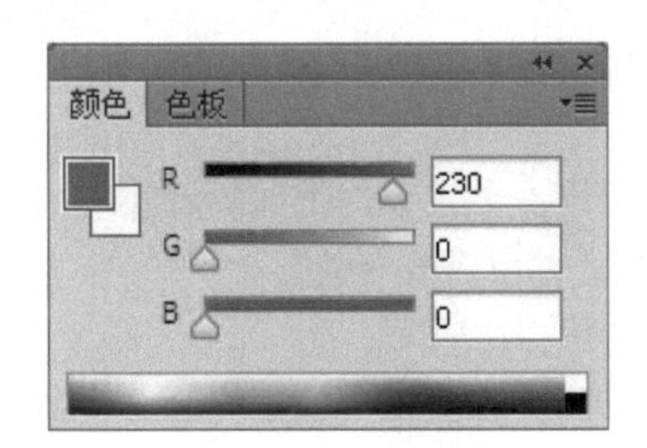

图2-39

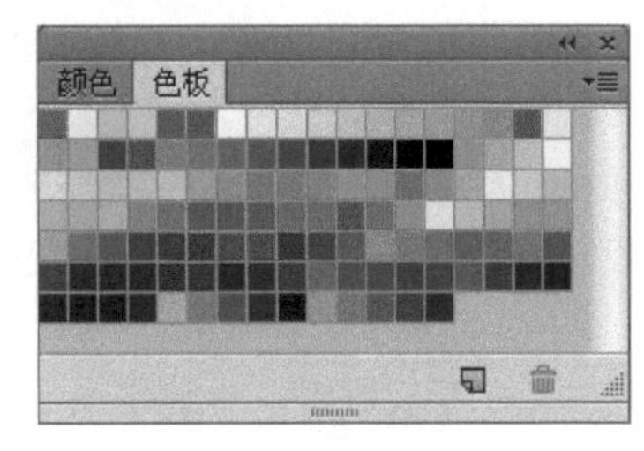

图2-40

2.3.4 画笔设置

除了直径和硬度的设定外，Photoshop 针对笔刷还提供了非常详细的设定，这使得笔刷变得丰富多彩。按快捷键“F5”即可调出画笔调板。在这个面板中我们可以按照自己的需求对画笔进行设置，以获得更为个性化的笔刷。Painter 中预设了很多笔刷，以备用户选用，这是 Painter 计算机绘画软件的一大特色。Photoshop 由于软件的定位与 Painter 不同，因而给我们没有提供更多的预设笔刷，但画笔设置面板的个性化定制功能很好地弥补了这点不足，并且增加了计算机绘画的乐趣，如图 2-41 所示。

画笔调板左侧的“画笔笔尖形状”下面有很多选项，每一个选项中又有具体的参数设置，这些选项主要是对画笔进行定义。没有经验的用户可以依次进行设置，使用画笔看看发生了哪些变化。每当用户更改了设置以后，这个预览图也会改变，这样可以使用户更好地熟悉画笔设置。

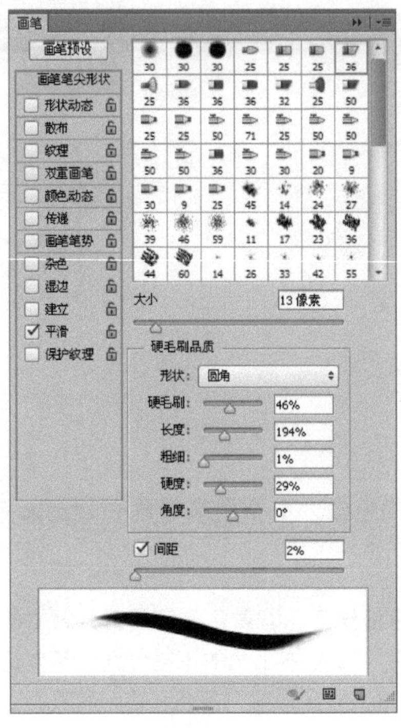

图2-41

1. 关于画笔的笔尖

笔尖有大小、形状、硬度、间距等。

（1）大小

调整画笔整体大小，以像素为单位，反映在画面上就是我们看到的画笔的粗细。

（2）形状

线是由点的排列组成的，画笔画出的线也是这个原理。如果我们把线拆解开来，具体到一个点就是笔尖的形状，我们可以在面板中设置成圆形或椭圆形，并可以改变椭圆形的方向，以求不同的变化。

（3）硬度

硬度是指画笔边沿的羽化程度，也就是边沿的柔和度。工具箱中的铅笔边沿硬度较高，毛笔硬度较低，在这里我们可以调整画笔边沿的柔和程度。

（4）间距

画笔画出的线实际上是由很多点排列而成的，间距就是画笔中的最小单位点的距离。例如，我们设置画笔的间距数值为 25%，实际上所使用笔刷，可以看作是由许多圆点排列而成的。如果我们把间距设为 100%，就可以看到头尾相接依次排列的各个圆点；如果设为 200%，就会看到圆点之间有明显的间隙，其间隙正好足够再放一个圆点。由此可以看出，那个间距实际就是每两个圆点的圆心距离，间距越大，圆点之间的距离也越大。那是因为间距的取值是百分比，而百分比的参照物就是笔刷的直径。当直径本身很小的时候，这个百分比计算出来的圆点间距也小，因此不明显。而当直径很大的时候，这个百分比计算出来的间距也大，圆点的效果就明显了。另外，笔刷的间距和笔刷的大小也有关系。如果分别将直径设为 9 像素和 90 像素，依然保持 25% 的间距，然后在图像中各画一条直线，再比较一下它们的边缘，我们就可以看到第一条直线边缘平滑，而第二条直线边缘很明显地出现了弧线，这些弧线就是许多的圆点外缘组成的。所以，使用较大的笔刷的时候，要适当降低间距。

除了正圆与椭圆之外，我们还可以用任意形状作为笔刷。

2. 关于画笔的形状动态

（1）大小抖动

大小抖动就是大小随机。大小抖动的数值越大，抖动的效果就越明显，这表示笔刷的直径大小是无规律变化着的。因此，我们看到圆点有的大有的小，且没有变化规律。如果你多次使用这个笔刷绘图，那么每次绘制出来的效果也不会完全相同。大小的控制除了渐隐之外，还可以使用钢笔压力、钢笔斜度、光笔轮、旋转。这几个选项需要有另外的硬件设备。所谓钢笔是一种输入设备，称为数字化绘图板。

（2）角度抖动

角度抖动就是让扁椭圆形笔刷在绘制过程中不规则地改变角度，这样看起来笔刷会出现“歪歪扭扭”的样子。

（3）圆度抖动

圆度抖动就是不规则地改变笔刷的圆度，这样看起来笔刷就会有“胖瘦”之分。用户可以通过“最小圆度”选项来控制变化的范围，道理和大小抖动中的最小直径一样。在笔刷本身的圆度设定为100%的时候，单独使用角度抖动没有效果，因为圆度100%就是正圆。

（4）最小圆度

最小圆度就是控制圆度抖动变化的范围。

（5）颜色抖动

颜色抖动效果是在一段范围内的，而不只局限于两个极端。所挑选的前景色和背景色只是定义了抖动范围的两个端点，而中间一系列随之产生的过渡色彩都包含于抖动的范围中。所以，颜色抖动的色彩效果是色彩非常丰富的。它的范围包括前景色到背景色的过渡。

（6）杂色选项

杂色选项的作用是在笔刷的边缘产生杂边，也就是毛刺的效果。杂色是没有数值调整的，不过它和笔刷的硬度有关，硬度越小，杂边效果越明显。

（7）湿边选项

湿边选项是将笔刷的边缘颜色加深，看起来就如同水彩笔效果一样。

（8）平滑选项

平滑选项主要是为了让鼠标在快速移动中也能够绘制较为平滑的线段。不过开启这个选项会占用较大的处理器资源，在配制不高的计算机上运行将较慢。

第3章

Painter软件应用基础

本章主要讲述CG手绘中常用的软件Painter的概况，包括Painter软件界面、功能基本用法。通过两方面的讲述，使学生对Painter有一个初步的认识，大体了解在CG手绘中Painter和Photoshop的异同，学会如何选择最好的软件表现自己的手绘作品。

教学目标

- 了解Painter基本功能及用法
- 熟悉Painter的应用工具
- 掌握Painter画笔工具的设置和使用

3.1 Painter概述

Painter是加拿大著名的图形图像类软件开发公司Corel开发的一款数字绘画软件。作为一款计算机绘画软件，Painter真可谓实至名归。与Photoshop相似，Painter也是基于栅格图像处理的图形处理软件。Painter拥有全面和逼真的仿自然画笔。它是专门为渴望追求自由创意及需要数码工具来进行仿真传统绘画的数码艺术家、插画画家及摄影师而开发的，获得了业界的一致好评。

虽然Photoshop在中国的市场占用率比较高，但在数字绘画方面Painter却有其独特的优势。在Painter还只有2.0版的时候，一些美术功底较强的人就已经用它完成了不少杰作。

把Painter定为艺术级绘画软件比较适合，因为它有上百种专门开发的绘画工具，相比较而言，其他绘图软件就显得黯然失色了。Painter的多种笔刷提供了重新定义样式、墨水流量、压感以及纸张的穿透能力等功能，把数字绘画提高到了一个新的高度。Painter中的滤镜主要针对纹理与光照，因为它采用了一种天然媒体专利技术，如它可以绘制特殊风格的中国国画。

Painter创自Fractal Design公司，到Painter 5.0版本以后Fractal Design公司被著名的MetaCreations公司并购。2000年，COREL公司从MetaCreations公司那里收购了Painter。2001年，Corel公司为专业创作人员开发了产品系列Procreate Painter 7，人们发现Painter有了很大的改进。2004年，Corel Painter IX问世，它以其特有的“Natural Media”仿天然绘画技术为代表，在电脑上首次将传统的绘画方法和电脑设计完整地结合起来，形成了其独特的绘画和造型效果。Painter目前的版本为Painter12，发展到今天已经有了比较完善的中文版本，逐渐为大多数从业人员以及电脑绘画爱好者所接受，如图3-1所示。

图3-1

3.1.1 Painter12的新增功能

Painter12新增了很多功能，可以说，随着软件版本的提高，其功能也越来越完善，这为广大艺术创造者在数字绘画上提供了更广阔的空间，使他们创作出了许多突破传统的艺术作品。总结起来，Painter12新增功能主要表现在数码绘画、画笔设置、面板管理和材质等几个方面。

1. 数码绘画相关功能

（1）万花筒绘画

选择媒材绘制图案，利用万花筒绘画功能可使用3~12个镜像平面可在画布上创作出丰富多彩的万花筒效果。

（2）镜像绘画

镜像绘画能将你绘制的每个笔触复制到画布的另一边。你可以选择进行水平镜像、垂直镜像或同时进行水平和垂直镜像。

（3）智能照片转绘画工具

智能照片转绘画工具能将照片转换为绘画的工具，适合非专业人士使用。用户选择的画笔和媒材，可通过“自动绘画”面板绘制一幅图片。Painter包含完美的智能笔触画笔技术，它可使用户像真正的艺术家那样，按图画中的线条和轮廓绘制图画。

（4）智能模糊效果

智能模糊效果能够快速地将美术效果应用于图像。通过对颜色和锐化细节进行平滑处理，智能模糊效果可柔化图像外观，有一种软画笔的笔触效果。

（5）变形功能

变形功能就是通过一个集中式工具在不同变形模式之间进行切换，用户可以选择对一个图层的全部内容进行变形，也可以仅对选定内容进行变形，这样可提高绘画的速度、灵活性和精确度。

2. 画笔相关功能

（1）简化的画笔类别，优化画笔管理功能

画笔类别已经合并为系列和子系列，用户比以往可更快捷地找到合适的画笔。

（2）动态画笔设置

动态画笔设置功能能够为每个画笔笔触设置合并模式和不透明度，从而更加顺畅地进行调和，提高画笔笔触调和质量。

（3）数码喷笔

借助六种新的数码喷笔，Painter 12可实现震撼的喷笔效果。这些新喷笔不仅可产生与Photoshop中的调和模式相类似的效果，还可以与新增的“计算的圆形”画笔控件搭配使用。调整不透明度和硬度，可确定画笔笔触与画布的每个图层的交互方式。

（4）计算的圆形画笔控件

“计算的圆形”画笔控制面板，可以指定画笔的不透明度和硬度。

（5）灵敏的画笔控件

用户可以从一个集中位置做出快速调整的交互式控件来更改设置，如画笔大小、不透明度、挤压和角度。可扩展的大小调整功能能够保留正确的画笔比例。使用快捷方式，可以更快速地访问画笔设置。

（6）笔迹追踪

笔迹追踪能够即时对Painter进行设置，让它记住用户对每种画笔的首选画笔速度和压力敏感度。

（7）胶化画笔与合并模式

胶化画笔可以将图像的基本颜色着色为画笔笔触颜色。通过使用“常规”画笔控制面板上新增的“合并模式”画笔控件，用户可以对胶化画笔进行自定义。

3. 材质相关功能

（1）仿真湿油

仿真湿油类别为调和与绘制流动色彩提供了完美的解决方案。向画布添加溶剂，可进一步增强控制力。

（2）可自定义的表面纹理

可自定义的表面纹理使作品增添更多级别的纹理和细节，绘画效果是任何其他数码绘画软件或照片转绘画工具所无法比拟的。为画布选择纸纹，或创建和自定义所需纹理，此面板可提供更多用来控制画布纹理的选项。

（3）仿真鬃毛干媒材

仿真鬃毛笔刷是数码绘画的一个重要里程碑，与图形蜡版配合使用可提供最真实的绘画体验。Painter 的仿真鬃毛干媒材工具（如粉笔、马克笔、钢笔和铅笔媒材），通过调整钢笔在写字板上的压力、角度和速度，即可控制不透明度、颜色强度、墨水和阴影。

（4）仿真水彩

这是一突破性功能，仿真水彩调和与变干效果比任何其他水彩笔都要来得逼真。用户可通过控制变干的风向，观察颜色与纸纹颗粒的融合效果，从而以最真实的方式改变着色。另外，用户还可以自定义纸纹设置，从而影响水彩颜料在画布上的流动和汇集方式。

（5）应用于各种艺术流派风格

“底图”面板包含基于多种艺术样式的色彩方案，如印象派方案、古典方案、现代方案、水彩方案、素描本方案和粉彩笔画方案。另外，“底图”面板与任何一幅打开的图像的面板匹配起来，能够保持一致性。

4. 面板对话框

（1）界面人性化

更新的界面简化了画笔选择、图像导航、材质库、颜色控件和图像设置，使工作区变得更直观、更易导航，大幅度缩短了新用户所需的学习时间。

（2）导航器面板

通过“导航器”面板，用户可以快速访问各种工具，如绘画模式、厚涂图层、描图纸、网格和色彩管理。新功能更加适合画布导航和大图像的处理，无需切换工具或调整缩放比例，使用“预览”窗口就可在画布上直接拖动和更改焦点，然后轻松移到图像的不同区域。

（3）新建图像对话框

用户可以根据工作流程重新排列面板。并将任务相关面板组合在一个面板上，将面板与应用程序窗口的边缘对齐，或使面板在工作区中保持浮动，以便轻松访问。

（4）颜色更改器面板

“颜色更改器”面板是一项便捷的新增功能，它可在屏幕上弹出，方便用户快速更改画笔颜色。为保持工作区的简洁，此面板仅在需要时才显示。

（5）自定义面板

为特殊项目和常用工作流程创建自定义面板。创建自定义面板后，可以将其从一个会话保存到另一个会话，实现方便而即时的访问。

（6）匹配面板效果

匹配两幅图像的颜色和密度，只需打开具有所需色彩方案的图像，并使用“匹配面板”效果将此颜色应用到要更改的图像即可。

（7）克隆源面板

用户可以使用新增的“克隆源”面板，在单个 Painter 文件中创建和管理各种供克隆的图像。创建一个可克隆对象并将其插入绘画中的对象库，能节省处理照片所需要的时间。

（8）智能构图工具

“黄金分割”及“三等分和五等分法则”辅助线可帮助用户在进行素描或绘图前直观地布置画布，

创作出完美构图。

5. 其他功能

（1）支持 Windows 64 位

Painter 12 与最新的 64 位 Windows 操作系统兼容，充分利用了其扩展的处理能力。

（2）多核画笔支持

多核画笔支持可在使用多核计算机时最大限度地提高画笔性能。

（3）高质量显示

当以超过 100% 的比例进行缩放时，“高质量显示”选项可以使图像边缘变平滑，并允许查看图像打印后的效果，清楚地了解图像的最终效果。

3.1.2 Painter工具箱

工具箱是 Painter 中一个重要的面板，用户可以使用工具箱中的工具来绘图，如绘制线条和形状，以颜色填充形状，查看和导航文档以及进行选择。在工具箱下面是一个颜色选择器，以及选择纸张、渐变、图案、织物、外观和喷嘴的六个不同内容的选择器。在默认情况下，工具箱是打开的。用户可以在应用程序窗口内移动工具箱，也可以使工具箱附着在文档窗口或其他面板上。某些工具位于工具箱中的延伸菜单中，如需打开延伸菜单，请单击并按住右下角标有三角形的工具按钮。为了便于理解和记忆，我们按类别将工具箱中的工具分为绘画工具、选取工具、路径工具、色彩纸张工具和辅助工具，如图 3-2 所示。

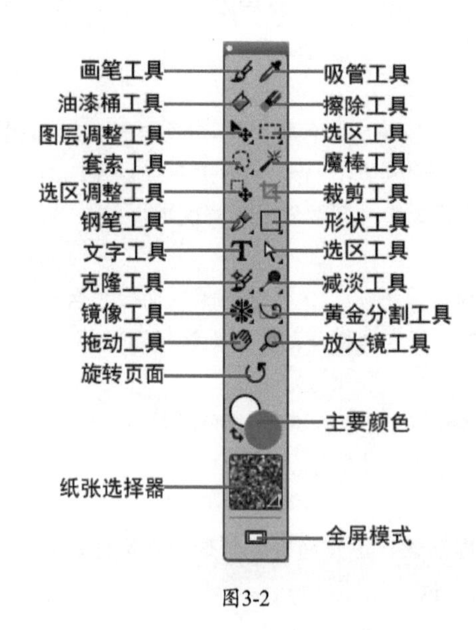

图3-2

1. 绘画类工具

绘画类工具在 Painter 绘画中起着非常重要的作用，可对作品进行增添或删减。该类工具主要包括画笔工具、擦除工具、克隆工具、镜像工具和黄金分割工具。其中，黄金分割工具是绘画构图的辅助工具。

（1）画笔工具

画笔工具 ：画笔工具是 Painter 中最重要、最常用的，可使用户在画布或图层上进行绘制和绘画。画笔类别包括铅笔、钢笔、粉笔、喷笔、油画颜料、水彩等。选择“画笔”工具后，您可以从“画笔选择器”栏上选择特定的画笔，如图 3-3 所示。

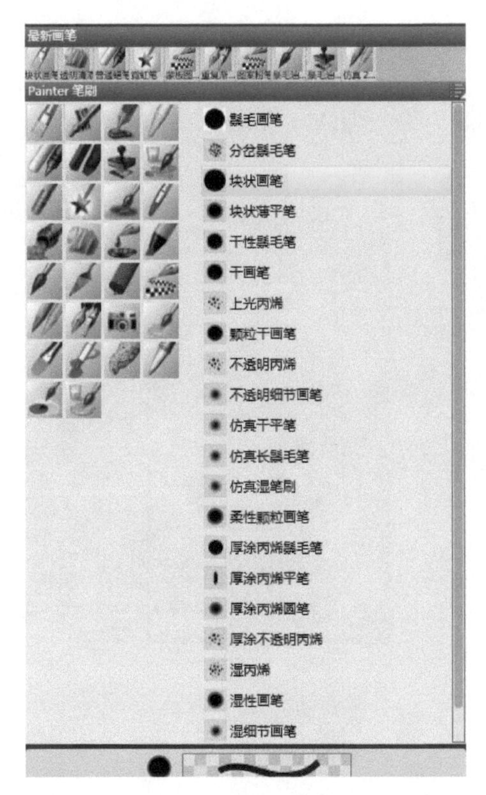

图3-3

（2）擦除工具：

擦除工具 ：擦除工具也就是橡皮擦工具，可移除不想要的图像区域，不仅有曲线、直线擦除，也有硬度及大小选项，如图 3-4 所示。

图3-4

（3）克隆工具：

克隆工具 ：克隆工具可以用各种类型的画笔仿制对象，当没有确定克隆源之前，克隆源默认的是图案面板中选定的图案。Soft Cloner（柔性克隆）可以当作 photoshop 的图章工具使用，按住 Shift 键点取克隆源，然后涂抹，如图 3-5 所示。

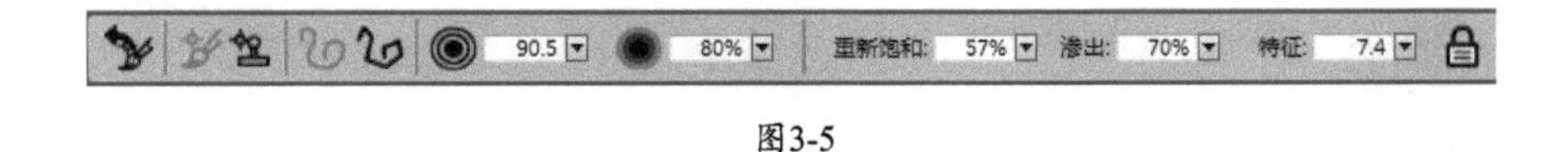

图3-5

（4）镜像绘画工具：

镜像绘画工具 ：镜像绘画工具顾名思义就是用笔绘画时，在相对的一边会出现相同的绘画效果，尤其是画对称的东西。它的下面还有一个万花筒工具，就像非同寻常花筒的排列效果可复制更多绘画对象。镜像工具不能单独使用时，要单击镜像绘画工具，然后选择画笔等绘制工具，如图 3-6 所示。

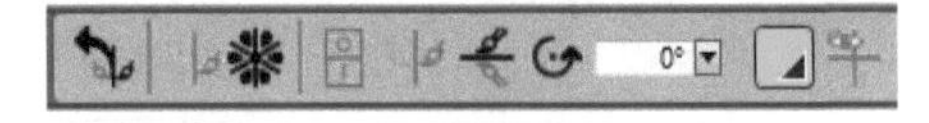

图3-6

（5）黄金分割工具

黄金分割工具 ：黄金分割工具是一个构图工具，可使用户快速地使用辅助线对现有图形进行构图。它以经典的辅助线划分图形，来达到构图目的，如图 3-7 所示。

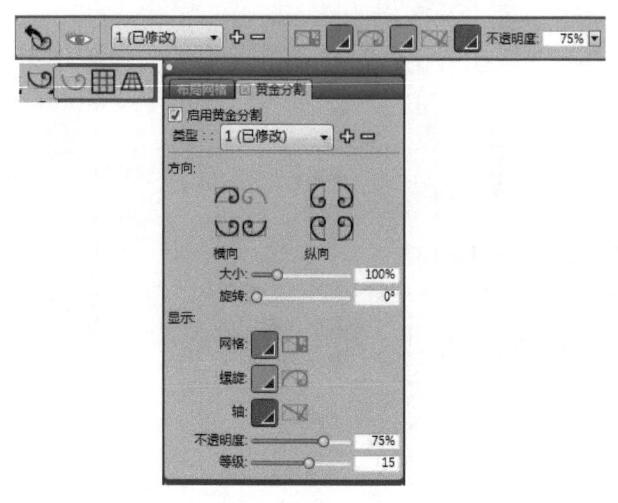

图3-7

2. 选取类工具

选取工具主要是对画面中的部分或全部进行框选。在绘画中，选取工具的作用是指定范围，便于绘画、编辑，这样可以不影响选区经外的部分；也可以对选区部分施加滤镜等特效功能。

（1）图层调整工具

图层调整工具展开后共包括两种工具，一种是图层调整工具，另一种是图层变形工具，主要用于选择、变形、移动和操控图层，如图 3-8 所示。

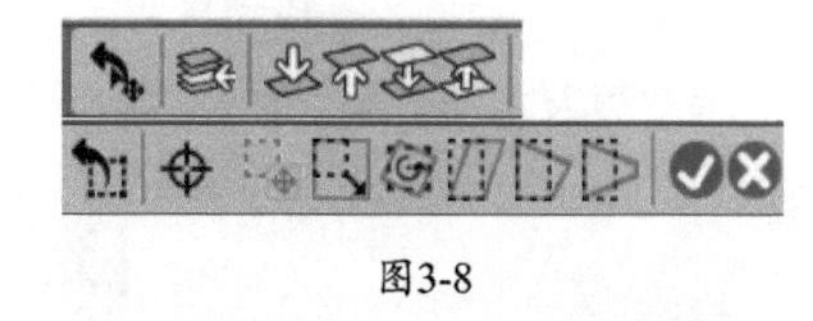

图3-8

（2）选区工具

选区工具 ：选区工具和 Photoshop 中的选框工具一样，主要用于选择、移动和操控使用矩形、椭圆形和套索选区工具创建的选区，它可以将选区转换为形状，如图 3-9 所示。

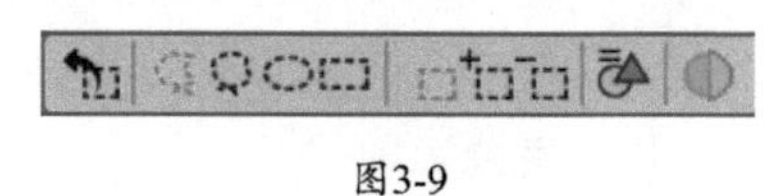

图3-9

（3）套索工具

套索工具 ：用于手动绘制选区。用户可以自由选取区域，也可以像 Photoshop 中的多边形套索工具一样进行选区。其属性扩展设置与选区工具一样，如图 3-10 所示。

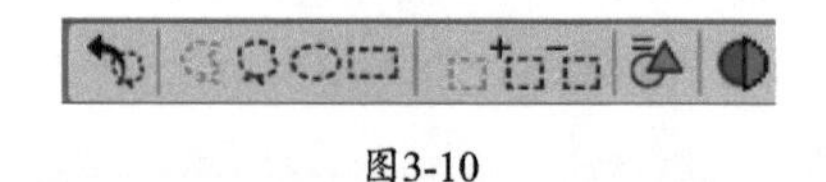

图3-10

（4）魔棒工具

魔棒工具 ：用于相似色彩区域的选取，用户通过魔棒工具可以单击画面，以便选择颜色相似的区域。它可以将选区转换为形状也可以用于选区的变换，如图 3-11 所示。

图3-11

（5）选区调整工具

选区调整工具 ：用于选择、移动和操控使用矩形、椭圆形和套索选区工具创建的选区以及那些从形状转换而来的选区，如图 3-12 所示。

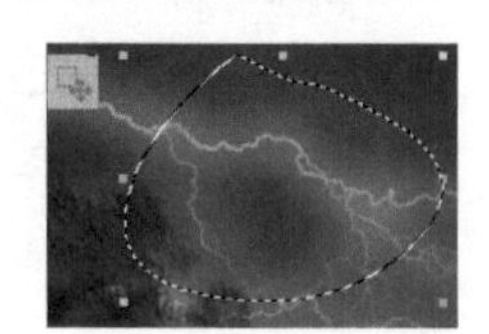

图3-12

(6)裁剪工具

裁剪工具 ：用于对画面进行裁剪，选择裁剪工具后可以在画面上拖动裁剪工具，保留用户想要的图像，如图 3-13 所示。

图3-13

3. 失量图形工具

失量图形工具实际上也属于绘图工具，但从图像的属性来讲，一般把它列为失量工具更为合理，这类图形的特点是放大后不失真。

(1)钢笔工具

钢笔工具 ：用于创建直线和曲线，所绘制的线条可以调整其扩展属性设置中还有更多的选项，如转换为图层，选区等，如图 3-14 所示。

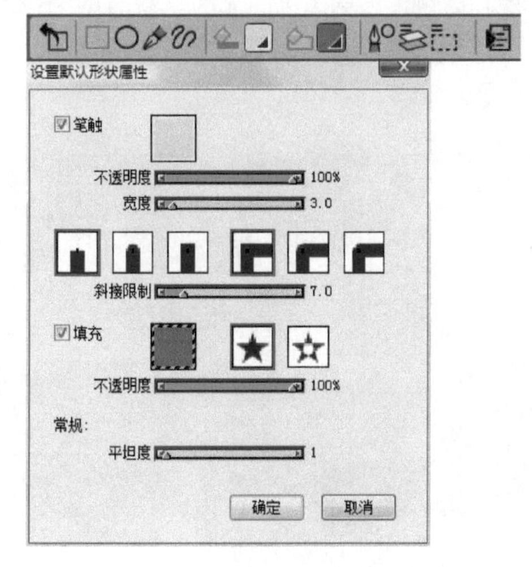

图3-14

(2)形状工具

形状工具 ：用于创建矩形和圆形，其扩展属性设置栏与钢笔工具一样，如图 3-15 所示。

图3-15

(3)文字工具

文字工具 ：用于创建文本形状。使用“文本”面板扩展属性可设置字体、文字大小、笔迹和排列等，如图 3-16 所示。

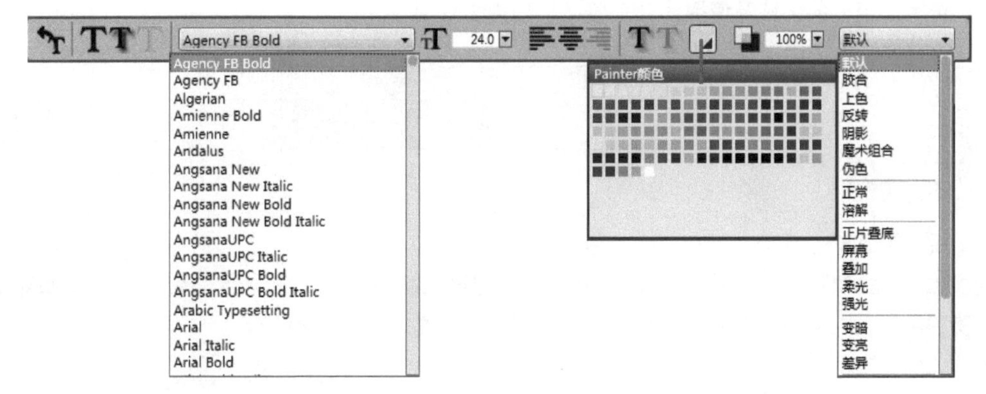

图3-16

（4）选区工具

选区工 ：选区工具能让我们更加精确地控制和编辑图形，主要用于编辑 Bézier 曲线（形状路径）。使用“形状选区”工具可以选择和移动节点，以及调整它们的控制点，如图 3-17 所示。

图3-17

4. 颜色工具

颜色工具包括吸管工具、油漆桶工具、减淡工具和主要颜色工具。它主要是对画面的颜色进行选取和添加，同时也是绘画中运用频率比较高的工具。

（1）吸管工具

吸管工具 ：吸管工具实际上是颜色选取工具，它可从现有的图像上快速地取得颜色。属性栏显示颜色的值，附加色也会跟随选择而变换。使用“吸管”工具选择颜色后，该颜色将会变成“颜色”面板上的当前颜色，如图 3-18 所示。

图3-18

（2）油漆桶工具

油漆桶工具 ：油漆桶工具是一种色彩填充工具，它可填充一定的区域。其属性栏显示的一些选项，主要提供选择要填充的区域及使用什么来填充，如图 3-19 所示。

图3-19

（3）减淡工具

减淡工具 ：减淡工具与 Photoshop 中的加深减淡工具一样，只是这组里面少了一个海绵工具。加深减淡工具可使图像中的亮面、中间调和阴影变深或变亮，如图 3-20 所示。

图3-20

（4）主要颜色

主要颜色 ：也就是“颜色选择器”，它可选择主要颜色和附加颜色。前面的显示主要颜色，后面的显示附加颜色，主要色为当前画笔所使用的颜色，次要色主要应用于两种以上的混合画笔效果。它可以结合Alt快捷键快速拾取画面颜色，如图3-21所示。

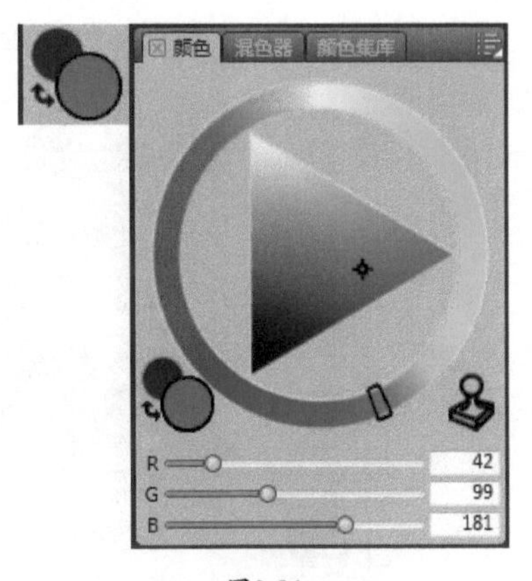

图3-21

5. 辅助工具

辅助类工具主要是在绘画中对工作区域施加影响，从而提高工作效率。该类工具包括放大镜工具、拖动工具、页面旋转工具、全屏模式及纸张选择器。

（1）拖动工具

拖动工具 ：提供滚动图像的快速移动。这个工具与Photoshop中的手形工具一样，可以快速移动画面，尤其是放大画面以后可方便观察画面的局部并细部处理。空格键是这个工具的快捷键，几乎任何情况下按空格键都可以使用拖动工具，如图3-22所示。

图3-22

（2）放大镜工具

放大镜工具 ：主要是对画面起放大和缩小的作用，便于用户整体或局部观察处理画面。放大镜工具没有其他属性设置，默认情况下是放大画面，按Alt键可缩小画面。用户可以自定义用鼠标框选想要放大的局部，单击鼠标右键来选择使用其功能；也可以按Ctrl键与“+、-”号键配合使用可直接放大和缩小画面。

（3）旋转页面工具

旋转页面工具 ：可旋转图像窗口从而让使用者更自然地绘画。该工具处于被选择状态时，在画面上单击鼠标左键就可以旋转画面。

（4）纸张选择器

纸张材质器 ：可以让Painter软件选择纸张，如水彩纸、油画布等各种纸张，单击左边工具面板的“纸纹”选项，选择基本纸纹就可以，图3-23所示为默认情况下的纸张材质情况，相当于没有纸纹。

（6）全屏模式

全屏模式 ：可以使用户使用更大的工作区域，主要应用有Ctrl+M组合键是进入/退出全屏模式、Tab键是隐藏/显示工具栏。

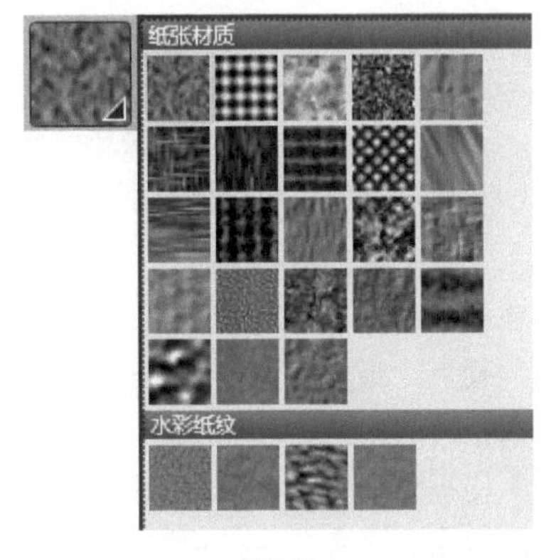

图3-23

3.2 Painter主要浮动面板

3.2.1 颜色面板

1. 颜色面板

颜色面板是Painter中一个重要的面板工具，绘画中的很多色彩调配都来自颜色面板。颜色面板默认为打开的，并包含“混色器”“颜色集”“颜色变化”和“颜色表达方式”面板。单击面板箭头可展开或折叠相应面板。它包括颜色、混色器和颜色集库三个面板，如图 3-24 所示。

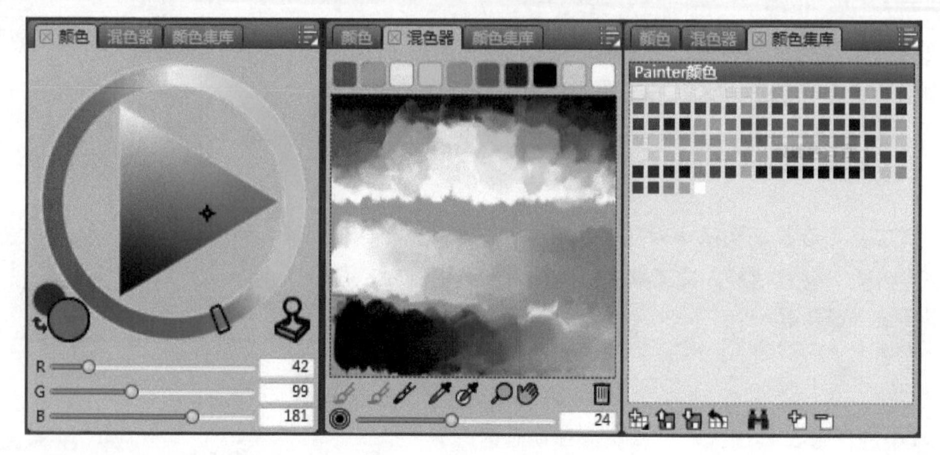

图3-24

颜色面板是非常简单高效的选择色彩面板。通过色环和三角色区，用户可以直接选择想要使用的颜色，也可以拖动 RGB 滑块选择颜色。单击主要或次要色彩，可变换选择的色彩，旁边一个印章图形的按钮是克隆色按钮。使用时打开要克隆的图片，在文件菜单栏选快速克隆，在颜色面板点克隆颜色（即那个小印章图标），交叉涂抹就可以慢慢克隆出图片了。但需注意，并不是每个画笔都可以使用该工具，它的功能类似 Photoshop 中的印章工具。

2. 混色器面板

混色器面板主要有以下几种模式。

（1）脏画笔模式：开启此模式可以在混色过程中使调色笔在每笔结束时记忆结尾处的颜色，将颜色运用到下一次落笔调色。

（2）应用颜色：此工具相当于调色笔。

（3）混合颜色：可以让颜色混合起来。

（4）取样色彩：混色器中的吸管工具，可选取调好的颜色。

（5）多重取样色彩：可以选择区域内的混合颜色。选择混合范围的大小由下面的笔刷大小来控制。

我们可以从混色器获得新颜色集。这个功能可以在颜色集面板中生成一个新的颜色集，这个新颜色集的颜色取自调色板。在使用混色器时，用吸取器吸取出混色器上需要的颜色，画笔就可得到想要的颜色，吸取器图标是个吸管的形状。两种以上的颜色混合后有很多色彩变化，用户可按喜欢需求吸取不同的颜色。

颜色集库面板就好比我们平时绘画时用的颜料盒，用户可以将常用的色彩放在里面，便于提高绘画效率。读者可根据需要添加、导入、恢复颜色集库，或添加色彩到颜色集库。

3.2.2 图层面板

图层面板是 Painter 面板工具中一个非常重要的面板工具，其功能与 Photoshop 中的功能类似。它包括 Painter 文档中全部图层的缩略图预览，我们可以通过图层面板上的工具按钮对图层进行操作，包括排列图层，新建、删除图层（含水彩图层、液态墨水图层）蒙板，使用动态外挂程序以及图层的混合方式及深度等。图层分为图像图层、文字图层、失量图层动态图层和介质图层等，如图 3-25 所示。

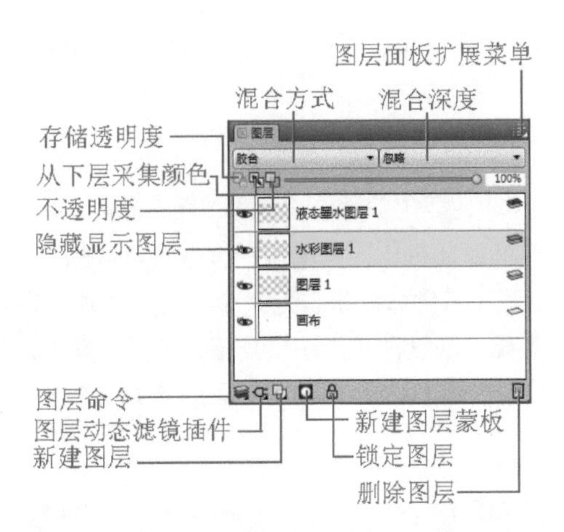

图3-25

1. 图像图层

图像图层是 Painter 中最常用的图层，其使用方法与 Photoshop 中的图层类似。Painter 中大部分的画笔都可在这种图层上绘画，也可以在这种图层上使用混合方式命令。

2. 文字图层

文字图层是一种特殊的图层，使用文字命令时，系统会自动在图层面板中建立一个文字图层。这个图层可以方便编辑修改图层中的文字，而不影响其他图层。

3. 矢量图层

矢量图层是 Painter 为矢量图形提供的图层，当建立矢量图形时，会自动建立一个图层，这个图层就是矢量图层。在这个图层上编辑矢量图形会更方便，但当在这个图层上使用画笔工具时，矢量图层就会变成普通图层。

4. 浮动图层

浮动图层也称为动态图层，它可以在不破坏下层像素的前提下施加特殊效果，有点类似于 Photoshop 的调整图层。

5. 介质图层

介质图层是一种水彩专用图层。Painter 里的水彩分为数码水彩和水彩，前者是模仿水彩方式，可以在普通图层上绘制；后者只能在水彩图层上绘制。水彩图层是 Painter 中一个特殊的图层，计算复杂，耗内存。水彩图层只能用水彩笔刷，别的笔刷无法在水彩图层上使用，同样水彩笔刷也不能在别的图层上用。

6. 混合方式

使用混合方式可以使图层与图层、图层与画布之间相互作用产生一种新的效果，即给图层加上一些属性。

7. 图层蒙版

有人把图层蒙版比喻为就像在画布上面蒙一层透明或不透明的塑料纸，因为蒙上了塑料纸，所以想对图像进行编辑就不可能了，但是塑料纸上刚好破了一个洞，而我们的种种操作刚好能穿过这个洞到达图像。这个洞，就是“蒙版”。如蒙版的黑色部分就是被保护的部分，白色部分则是可以操作修改的部分。

3.2.3 纸纹面板

纸纹是 Painter 中非常有特色的材质资源，用笔刷配合纸纹可以画出丰富的效果。除了 Painter 自带的纸张纹理库以外，我们还可以利用各种方式来自定义个性化的纹理。在画布上添加纸纹有很多办法，最简单的方式是：首先，选中你需要的纸纹样式（在工具箱的下面）；其次，在画笔选项中选择 photo（照相机图标），在其中多个选项中选择 Add Grain（添加纹理）；最后，在你需要纹理效果的地方，涂抹就可以了，如图 3-26 所示。

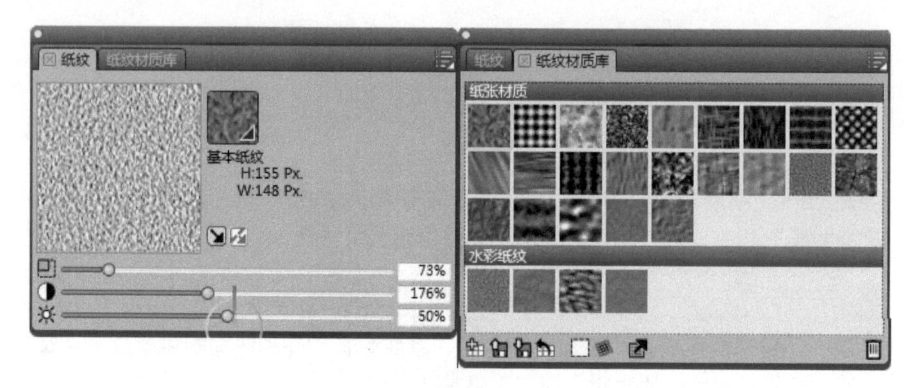

图3-26

3.2.4 材质面板

Painter 作为一款绘画软件，它提供了丰富多彩的绘画材质，利用这个优势，可以很方便地绘制出多种不同绘画效果。强大的自定义功能为用户在绘制特殊的礼堂艺术效果方面增加了更多优势。从面板上我们可以看到，根据材质的不同类型，可分为“图案材质”“渐变材质”“喷涂材质”“外观材质”和“织物材质”，如图 3-27 所示。

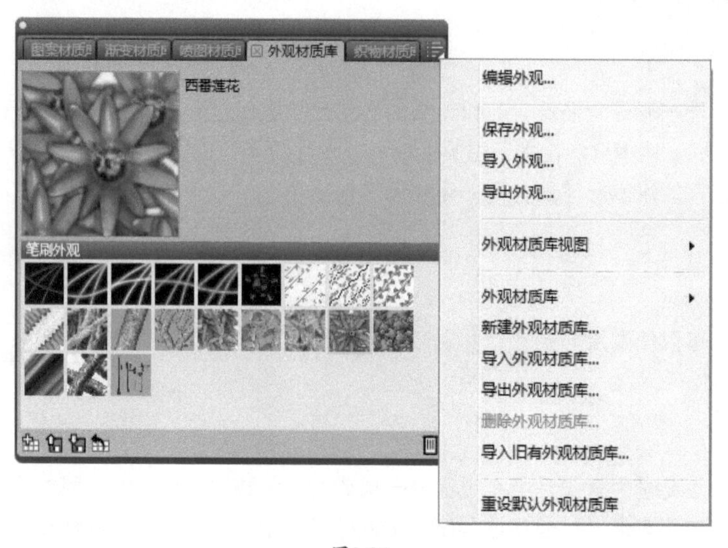

图3-27

1. 图案材质

图案材质的使用要配合工具箱中艺术材质的“喷嘴选取器”，也就是画笔中的“图像水管”。在“喷嘴选取器”中，软件自带了几种花纹样式，这可能不能满足我们的要求，但我们可以通过“图案控制面板”自定义图案的方式来达到自己的要求，如图 3-28 所示。

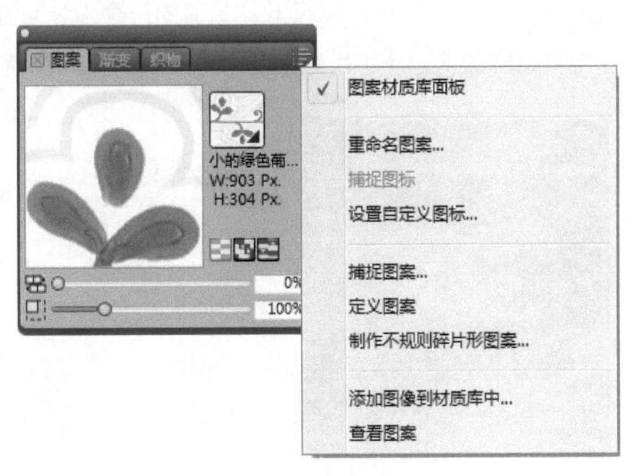

图3-28

2. 渐变材质

我们可以通过打开渐变材质面板了解渐变材质的使用，面板是 Painter 制作和储存渐变的地区，和 Photoshop 的渐变编辑器有些区别，Painter 的渐变种类分得比较详细。在渐变材质面板中，我们可以编辑、定义渐变材质，然后存储使用，如图 3-29 所示。

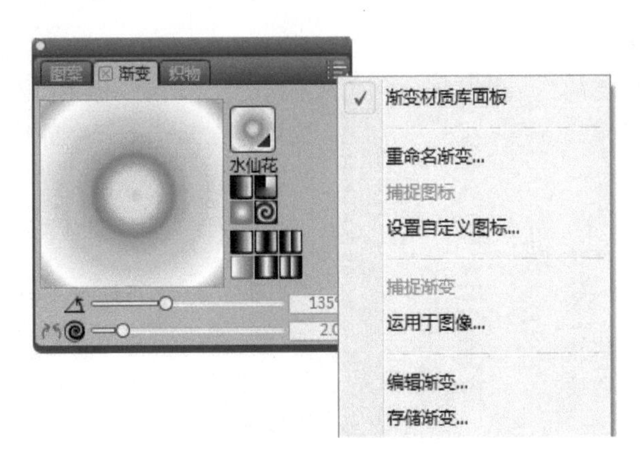

图3-29

3. 喷涂材质

Painter 里有多种笔刷提供喷图：这种笔刷可以选择图案进行喷图，也可以喷涂多种图案。同样，我们可以导入、编辑喷涂图案，进行个性化编辑。

4. 外观材质

这与喷涂材质有类似之处，也就是笔刷的形状。这里用户可以使用库中存储的笔刷，也可以定义笔刷的外观。同样，还可以导入、导出并编辑笔刷，进行个性化设置。

5. 织物材质

织物材质面板其实可视为虚拟织物机，可以利用“织物”面板创建织物，用作填充的图案。Painter包括一些织物材质库。要想更改线条比例与厚度的显示方式或织物颜色，可修改织物。用户不仅能创建和保存自己的织物，还能在应用前先预览所做的更改，使用“织物”面板底部的四个滑块，还能控制线条厚度及其间距。上面的两个滑块可控制水平尺寸，下面的两个滑块可控制垂直尺寸。通过调整这些滑块，用户可以利用任意提供的图案创建各种各样的织物，如图3-30所示。

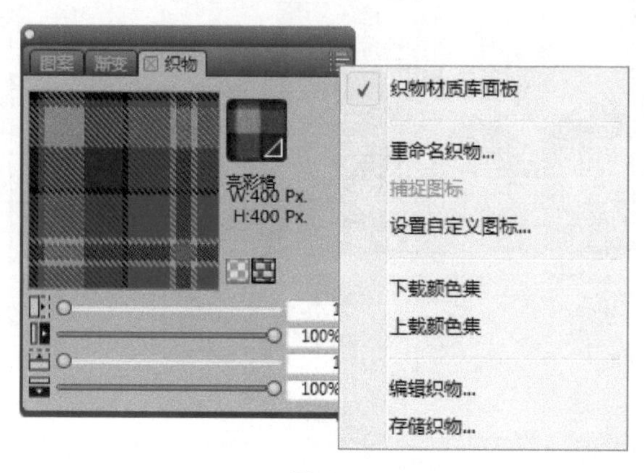

图3-30

3.2.5 Painter主要的笔刷图示

丙稀画笔

丙稀画笔的特性是笔毛分叉比较厉害，而且笔毛的质感比较硬。作画时颜料会随着时间的增加而减少

喷笔

喷笔是比较熟悉的一类，是我们最常用的一种很柔和的变体。与Photoshop中的喷枪类似

艺术家画笔

艺术家画笔是模仿一些著名画家的画风笔触，如印象派画笔就可以很好地模仿莫奈等的印象派画风

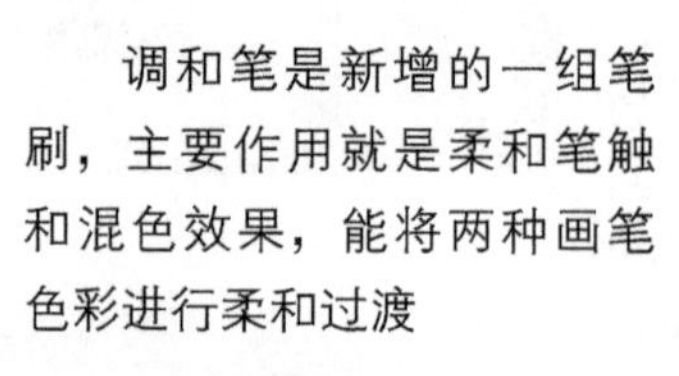

调和笔

调和笔是新增的一组笔刷，主要作用就是柔和笔触和混色效果，能将两种画笔色彩进行柔和过渡

粉笔、腊笔

粉笔、腊笔是属于干媒体里面的变体。调整直径大小后，它是一种非常好的细节刻画工具，画出的效果有一种自然的肌理感

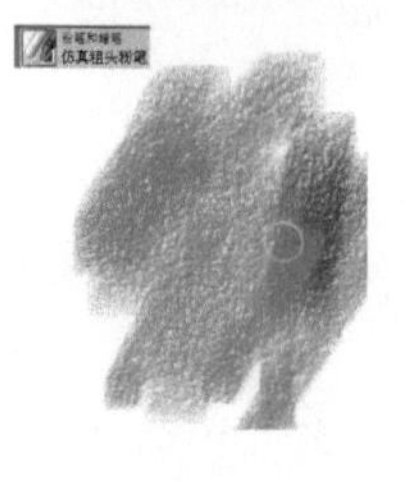

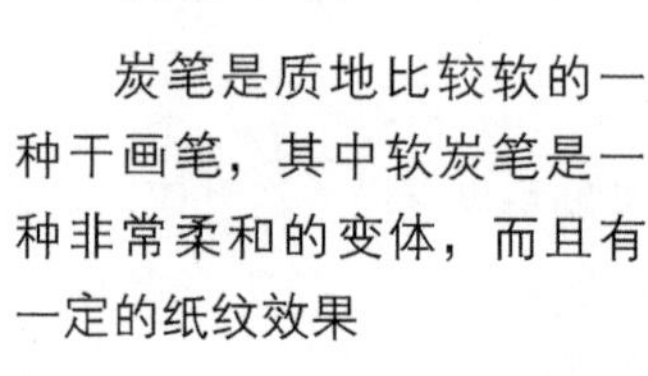

炭笔

炭笔是质地比较软的一种干画笔，其中软炭笔是一种非常柔和的变体，而且有一定的纸纹效果

克隆画笔

克隆画笔是可以仿制对象的画笔。当没有确定克隆源之前，克隆源默认的是图案面板中选定的图案

橡皮擦

橡皮擦是一种擦除工具用于擦除不需要的笔触色彩

胶合画笔

胶合画笔是一种图层样式画笔。胶合模式颜色要比普通模式颜色要深很多

图像喷管笔

图像喷管笔像是图像喷洒器，可以随意在画面上喷洒水管图像。使用前请确定和设置要喷洒的图像

液态墨水笔

液态墨水笔是一种作用于独立的液态墨水图层、有丰富的手绘笔触效果的画笔

油画笔

油画笔是摹 仿传统油画的笔：在颜色比较薄的时候，效果与水粉笔类似，但油画笔的纹理更加丰富；在颜色比较厚的时候，具有明显的厚度以及叠加效果

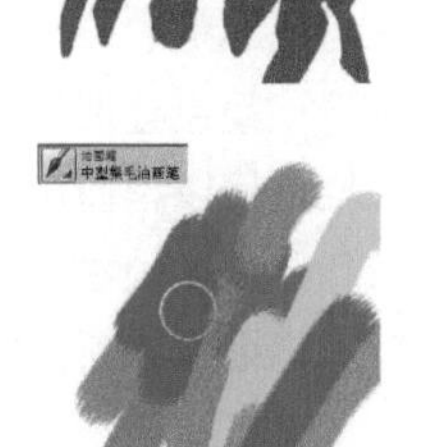

数码水彩笔

数码水彩是可以在普通的图层上绘画的一种画笔，也就是在普通图层上可以画出水彩效果

特效笔

特效笔是一种特殊的画笔，可以添加很多的特效笔触，如毛发、火焰等特效

水粉笔

水粉笔是可以模仿传统水粉画的画笔，质地都比较柔软，比丙稀类画笔更加柔和

厚涂画笔

厚涂画笔是模仿颜料厚涂，显示笔触的画笔，它可以很好地模仿厚涂笔触的效果。透明厚涂可以单产生厚涂笔触，不带颜色，很适合最后添加厚涂效果

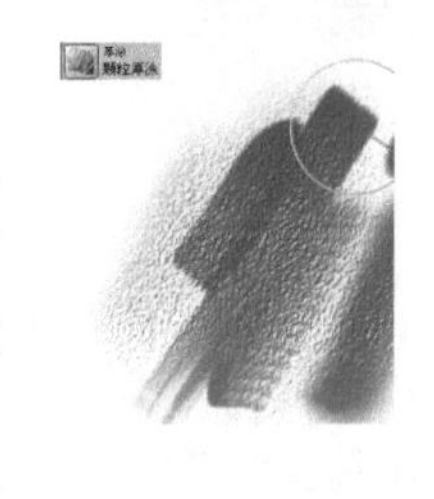

马克笔

马克笔是一种书写或绘画专用的绘图彩色笔，是模仿真实记号笔的一种画笔

调色刀画笔

调色刀画笔是一种调和画笔，也就是可以在两个色块之间形成过渡，把一种颜色带到另一个色块中去

色粉笔

色粉笔就是彩色粉笔，但表现能力优于粉笔，可以有一种油画的效果，也有粉笔的特点

铅笔

铅笔是最普通的一类，可以画出铅笔一样的效果，通常用来起稿。当然，也可以用于细节刻画

照片画笔

照片画笔是一种图像处理工具，实际上就是处理照片的一种工具，如色彩的饱和度、变亮、加深等。

仿真湿油画笔

仿真湿油画笔是一种调和画笔，为调和与绘制流动色彩提供了很好的解决方案。向画布添加溶剂，可进一步增强控制力

海绵画笔

海绵画笔是一种添加绘画情趣和肌理的工具，不过都是很耗内存的变体，运行极其缓慢，需要慎重使用

着色笔

着色笔是一类特效笔，包括湿橡皮擦、扩散笔、撒盐以及圆笔等。着色笔是对于水彩特殊效果的一种模拟，不过不必要在水彩图层上进行

图案画笔

图案画笔是一种比较特殊的画笔，它的笔触取决于图案面板中的图案设定

钢笔

钢笔是一种笔触变化不大的画笔，效果比较类似于马克笔。不同之处在于，钢笔的线条颜色比较均匀、线条的粗细变化细腻

仿真水彩笔

仿真水彩笔是一种具有水彩特性的画笔。控制变干的风向，观察颜色与纸纹颗粒的融合效果，以最逼真的方式改变着色

智能笔触

智能笔触是一种自动画笔，可以与自动绘画面板结合，自动应用颜色和笔触到照片上；可以控制自动绘画的速度和区域；也可以在任何时间停止自动绘画的进程

水墨笔

水墨笔是一种类似于马克笔与水彩笔的画笔。它的特征在于：颜色叠加的时候具有覆盖性。所以，使用不同透明度与颜色浓度的水墨笔组合，可以实现细腻的渐变效果

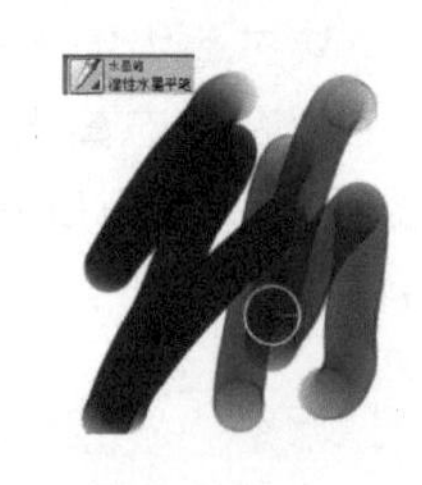

水彩画笔

水彩画笔是真正意义上的水彩，和传统的水彩一样，没有遮盖能力，越画越深，而且水分的变化有很多种类，作用于单独的水彩图层

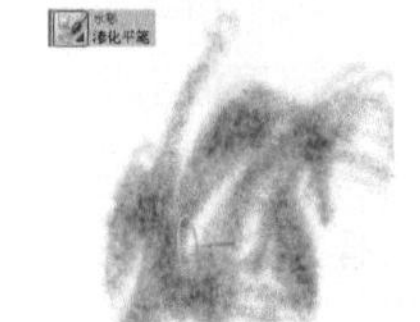

应用篇

第4章

静物系列实例详解

本章主要讲述了在Photoshop和Painter中基本的实例练习，通过不同的实例在不同软件中的实例训练，使学生掌握CG手绘的基本流程和绘画方法；通过本章的学习，使学生认识Photoshop和Painter两种绘图软件的基本使用方法，并掌握如何在不同的实例中发挥这两个软件的优势，以达到本章学习的目的。

教学目标

- 掌握Photoshop在实例练习中的基本方法
- 掌握Painter在实例练习中的基本方法
- 通过由浅入深、由简到繁，基本掌握CG手绘的创作方法和流程

4.1 静物系列——水果

4.1.1 创作思路

本实例是一个简单的静物，主要是熟悉 Painter 的基本操作流程，从造型到上色都比较简单。绘制过程中，主要接触到笔触的选择、颜色的应用以及图层面板的使用。另外，需要说明的是，画无定法，每个人都有自己的绘画程序和绘画方法，不一定按照同一种程序和画法，经过一段时间的练习之后，每个人都会找到自己的方法。教程在编写时，还有一个重要的考虑就是尽量侧重介绍软件，让初学者更快地熟悉软件的使用。绘制有以下几个步骤。

（1）构图起草。单一静物比较简单，不需要过多地考虑物体之间的关系，在起草的时候注意画面的重心，然后用铅笔画出物体的轮廓及简单的明暗关系。

（2）分层铺大体色调，从重颜色开始，由暗到亮，由大到小。这个时候要注意冷暖关系。

（3）调和画笔，塑造形体，这一步主要是塑造形体，尽可能把水果画得结实有份量。

（4）添加特效，完善画面，利用软件功能增加画面的效果。

4.1.2 步骤详解

1. 创建文档

打开 Painter 软件，选择“创建新图像”项，新建立一个 800 * 600 的文档，文档的名称为“水果”。因为考虑到印刷问题，分辨率设置为 300 像素，其他设置为默认，如图 4-1 所示。

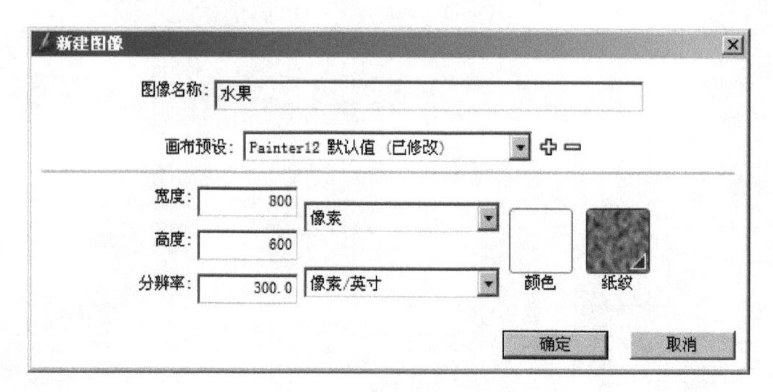

图4-1

2. 添加图层

单击图层面板上的“新建图层”按钮，新建一个图层，作为草稿层。如果找不到图层面板，可单击菜单中的“图层”窗口或 Ctrl+4 组合键打开图层面板。这个图层主要作为上色的依据，如果你非常熟练可以直接在草稿层上开始上色，但作为教程，绘制过程中我们会保留草稿层，建议把草稿图层放置在所有图层的最上方，如图 4-2 所示。

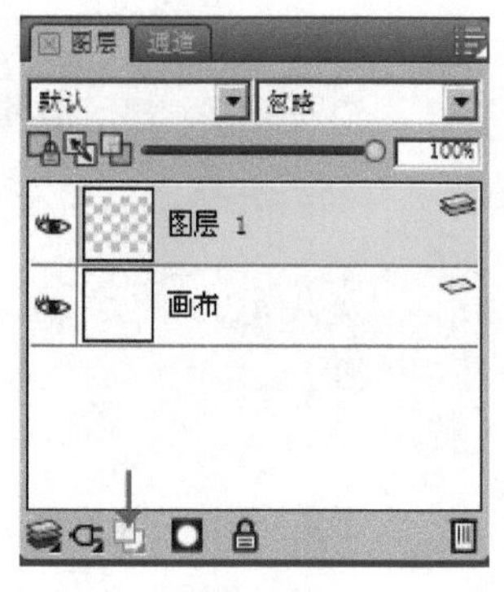

图4-2

3. 选择画笔

单击软件左上角的“画笔”按钮，选择画笔，在 Painter 中可选择的画笔较多，不同的画笔会出现不同的绘画效果。每个人都有个人的画笔使用喜好，只要用过一段时间 Painter 软件，就会找到适合自己的画笔。因为这里是起草阶段，我们选择铅笔中的“仿真 2B 铅笔”，如图 4-3 所示。

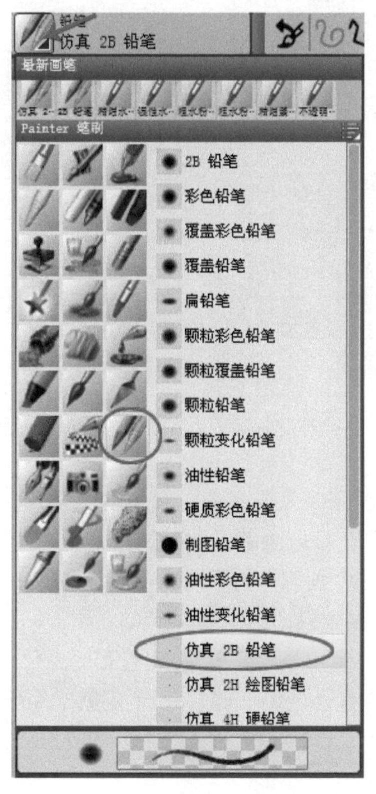

图4-3

4. 画草稿

起草稿前，用户要对所画对象有一个详细的了解，只有非常了解的东西，画的时候才有东西可画，画得才有深度。建议动笔前先在心里默画一次，包括用笔、细节都想好，等心里有一种按耐不住的兴奋时再动笔。这样才有激情，下笔有方。接下来用笔起草，画出对象的大致轮廓和空间关系，包括投影，对主要的细节可以多画几笔，如图 4-4 所示。

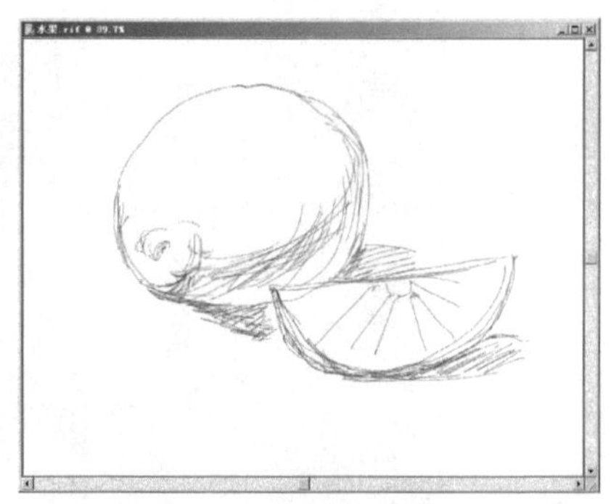

图4-4

5. 新建色稿层

新建一个图层作为水果的色稿层，为方便看到水果的草稿，此图层可以置于草稿层的下方。双击图层上的文字即可更改该图层的名称，如图 4-5 所示。

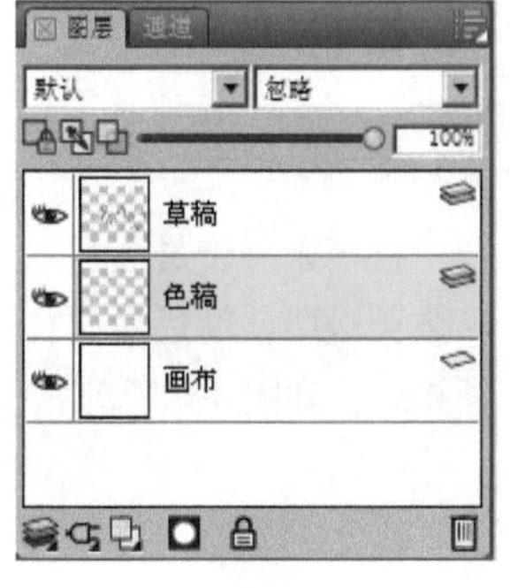

图4-5

6. 创建背景图层

新建一个图层作为水果的背景层，把背景层与水果层分开主要是为了方便修改，或在图层中添加个性化的滤镜，此图层可以置于色稿层的下方。如果想给图层命名，可右键单击要命名的图层，然后单击“图层属性”项进行修改，如图 4-6 所示。

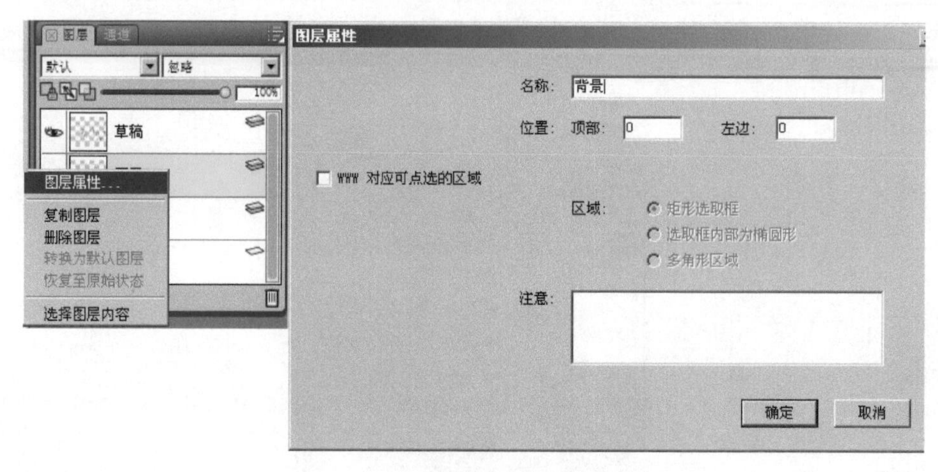

图4-6

7. 描绘背景

先画水果背景图层，当然你也可以先画水果。没有固定顺序，只要心中有数就行。此时，用户要选择好画笔，此处选择的是“丙烯画笔”中的“湿性画笔”，因为这个画笔有前后两次画笔颜色有衔接的特性，更有利于表现背景的模糊效果，如图 4-7 所示。

接着画出背景的平面和竖面，注意每个面要有明暗、色彩的变化，力求空间效果。此时，可将画笔的直径调大一些，从而快速准确画出大画面背景的色彩关系。如图 4-8 所示。

图4-8

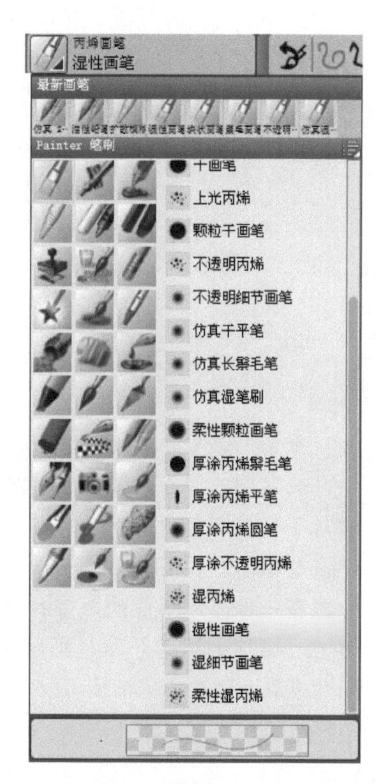

图4-7

8. 画水果

接下来一步是画水果，此时你会注意到草稿层的草稿看不见了，你可以先单击背景层前面的“眼睛”隐藏背景层，然后用同样的画笔将水果的大体色彩、明暗关系画出来。画时要力求准确，以免后面老是修改，如图 4-9 所示。

图4-9

9. 检查效果

单击背景层的“眼睛”按钮以显示该图层，查看画面效果。如果不满意，可进行修改，如图 4-10 所示。

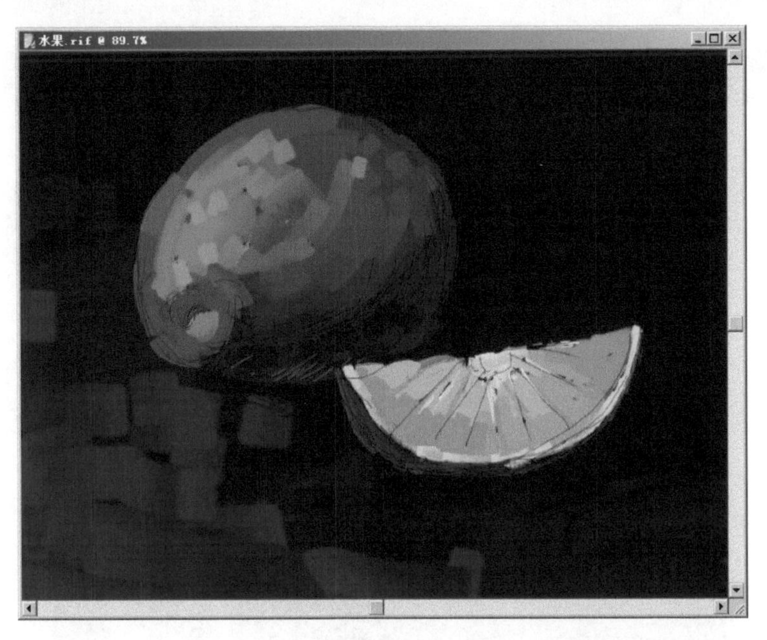

图4-10

10. 深入阶段

深入阶段主要是找出物体的基本特点和转折关系，也就是说使形体更接近实物，为了使笔触更柔和，可以选择“调和画笔”工具中的扩散模糊选项。画一些写实类或画面柔和的画面，可多用“扩散模糊”“模糊”选项，如图 4-11 所示。

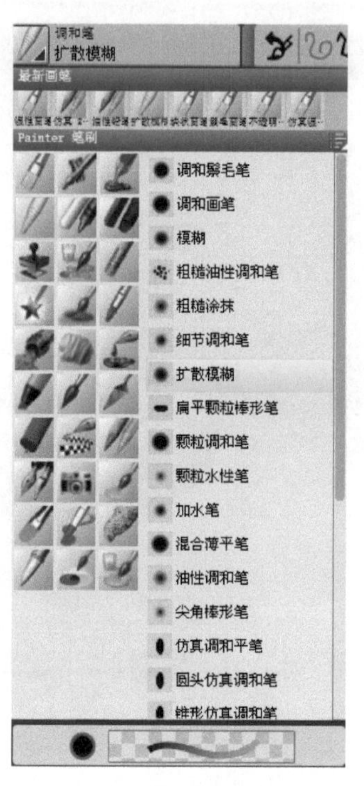

图4-11

11. 塑造细节

反复用画笔或调和画笔进行修改塑造，因为是塑造细节，可根据需要调整画笔直径的大小，直到满意为止，如图 4-12 所示。

图4-12

12. 增加投影图层

添加一个图层作为水果的投影图层，并画上水果的投影，如图 4-13 所示。

图4-13

13. 细节刻画

细节刻画主要是对局部细节的深入描绘，此时可把画笔直径调节到你认为可以刻画细节的程度，同时放大画面。这个时候可以随时按键盘上的空格键对画面进行拖拉，以便更方便地查找刻画细节，如图 4-14 所示。

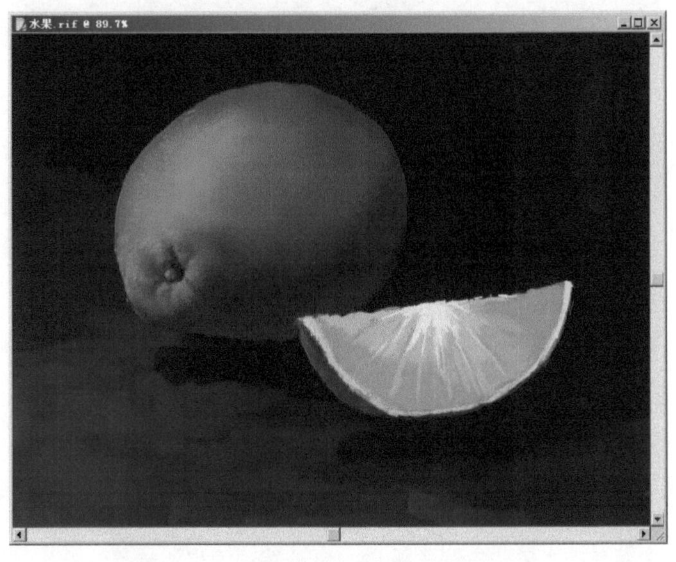

图4-14

14. 添加橘子纹理

这里我们先添加一个图层，然后选择“厚涂”画笔中的“颗粒厚涂”画笔，把笔触调节到足够大。接着，在水果主体物位置点上一笔，因为厚涂画笔能透出上面的图层，这样我们就可以表现橘子上面的纹理了，如图 4-15 所示。

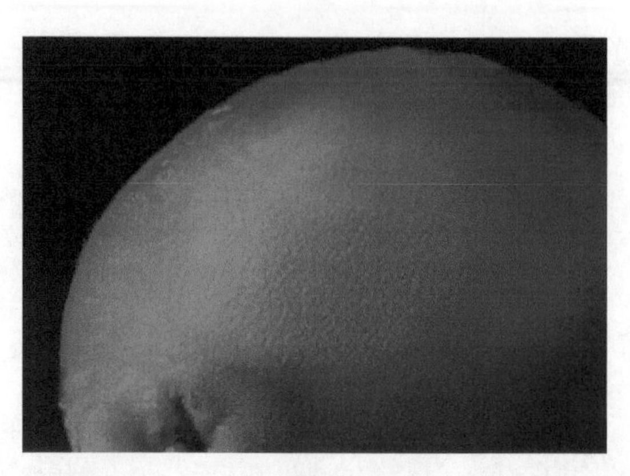

图4-15

15. 添加高光

添加高光、反光及其他细节，调整画面，结束绘画。如果没有把握画好高光，可以再建立一个图层作为高光图层。画高光时笔者用的是“粉笔和蜡笔”中的“硬质粉笔”，这样有颗粒感，能符合橘子的质感，然后用“调和画笔”中的“粗糙涂抹”进行柔和，如图 4-16 所示。

图4-16

4.1.3 小节总结

本实例绘制了一个简单的水果，主要了解 Painter 的绘制流程和画笔的基本使用方法。另外，还学习了在质感的表现上，如何使用图层效果命令。学生在学习的过程中一定要明白这些基本的使用方法，为以后创作复杂的画面打下基础。

4.1.4 思考练习

通过水果的实例练习，我们认识了 Painter 中画笔的使用。Painter 中提供了上百种画笔，思考并尝试一下，这些画笔都有哪些不同?

4.1.5 技能拓展

调和画笔的使用

（1）调和笔不是直接用选取的颜色做画的，而是用来调和画面上本来已有的颜色，要先用其他笔画几种颜色上去，再用调和笔。

（2）调和笔允许用户移动、混合图像上的现有颜色像素。借助调和笔，也可以使用水性或油性画笔模拟调和颜料，还可以在 Painter 中使用调和棒形笔来调和颗粒粉笔或蜡笔笔触，以及实现更多功能。

（3）调和笔与 Photoshop 中的涂抹工具有异曲同工之妙，尝试对比一下两者的不同功能。

4.2 静物应用实例——花卉

4.2.1 创作思路

花卉作为一种美的象征物，自古以来被赋予多种美的文化内涵。对绘画而言，花卉比普通的静物在绘制上有些难度，因为花卉色彩艳丽，细节生动跳跃，大的明暗关系容易被忽视。在这一小节中，将进行简单花卉绘画的讲解。在花卉的绘制中，要有虚有实，有强有弱，这样才能把握住体积空间关系。在细节刻画中，用光感和冷暖感受花的轻薄、透明、丰润、艳丽的质感。

Photoshop 绘制静物花卉大致有以下步骤。

（1）起稿阶段。起稿阶段是对主体物的构图、造型的基本设计。在这个阶段，我们需要对画面整体有一个最初印象的设计，我们可以在绘制线条上随意一些，以免限制住思路。

（2）背景绘制。绘制背景决定画面整体色调。在起稿阶段，我们对画面整体色彩会有一个大概的设计，背景的主要作用则是衬托主体物，所以，背景最好不要特别复杂，色彩也不要太艳丽。

（3）上色阶段。有了起稿阶段的色彩积淀，我们就可以进一步上色了。这个阶段我们需要理解花卉的结构，用色彩表现花卉的虚实和体积感，同时注意整体光感的调整和协调。

（4）深入刻画、调整阶段。深入阶段是绘制花卉类的关键，花朵要描绘得精致生动需要在细节上进行调整。在这个阶段应边比较、边思考，如花瓣的高光颜色的差别，以及受光源的影响而出现的冷暖区别等。当然，步骤和思路不是固定的，由于每个人的绘画习惯不同，方法、方式也会因人而异。下面就让我们开始作画吧。

4.2.2 步骤详解

1. 新建文档

打开 Photoshop，新建一个文档，命名为“月季”。预设选择国际标准纸张，大小为 A4，宽度为 210 毫米，高度为 297 毫米，分辨率为 300 像素，如图 4-17 所示。

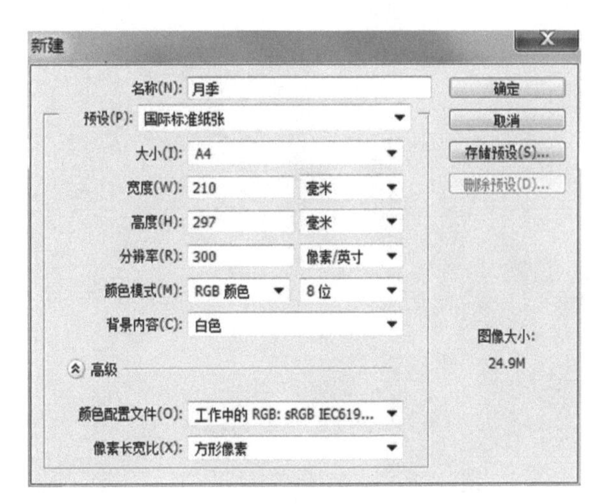

图4-17

2. 新建图层

（1）解锁背景层。双击背景图层，弹出“新建图层”对话框，名称为“图层 0”，单击“确定”按钮，解锁背景图层，如图 4-18 所示。

图4-18

（2）新建图层。使用 Shift+Ctrl+N 组合键或通过单击图层栏 新建一个图层。双击该图层名称，并命名为“起稿”，颜色选择“无”，模式“正常”，不透明度选择 100%，如图 4-19 所示。

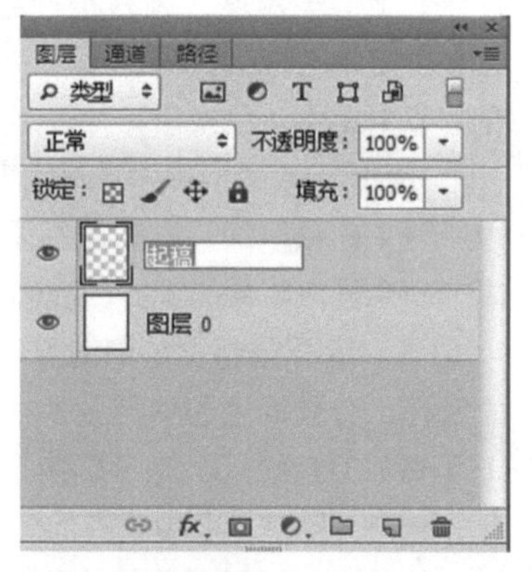

图4-19

3. 设置画笔工具

选择画笔。选择一号画笔工具，像素为 25，硬度为 0，并在拾色器中选择灰色（画笔和画笔颜色的选择没有固定模式，可以根据自己的喜好和画面的大色调进行选择），如图 4-20 所示。

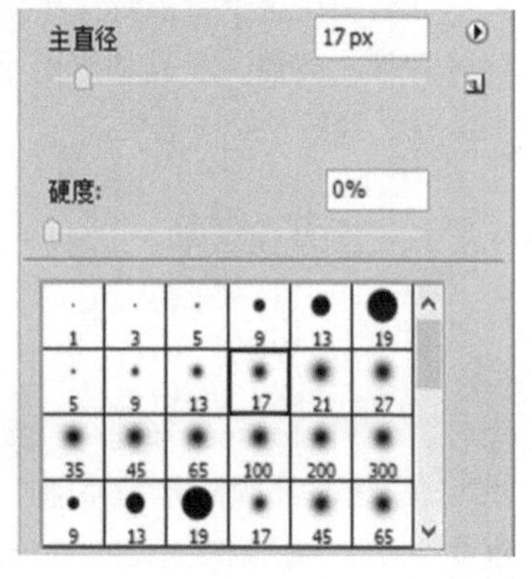

图4-20

4. 绘制草图

绘制月季花的草图，我们需先定下月季花的位置、大小、形态等，草图可以随意一些。在草图的绘制中，可以随时修改预想的效果。用户可选择图层“起稿”，开始绘制草图，如图 4-21 所示。

图4-21

5. 新建上色图层

用相同的方法使用 Shift+Ctrl+N 组合键新建一个图层，起名为“大关系”。根据我们预想的月季的形态开始上色，表现出花的明暗大关系。在这个阶段，我们可以不必太细致，只用简单的颜色表现大概形态即可，如图 4-22 所示。

图4-22

6. 完善草图

快速上色。花头基本的形态出来了，我们继续进行枝叶的绘制，注意枝叶的色彩不能过于艳丽，同时要与花头的色彩相呼应，如图 4-23 所示。

图4-23

7. 绘制背景

根据画面需要，新建背景图层，并添加背景色彩。

（1）选择背景颜色，选取颜色时应根据所绘制月季花的颜色进行选择，如图 4-24 所示。

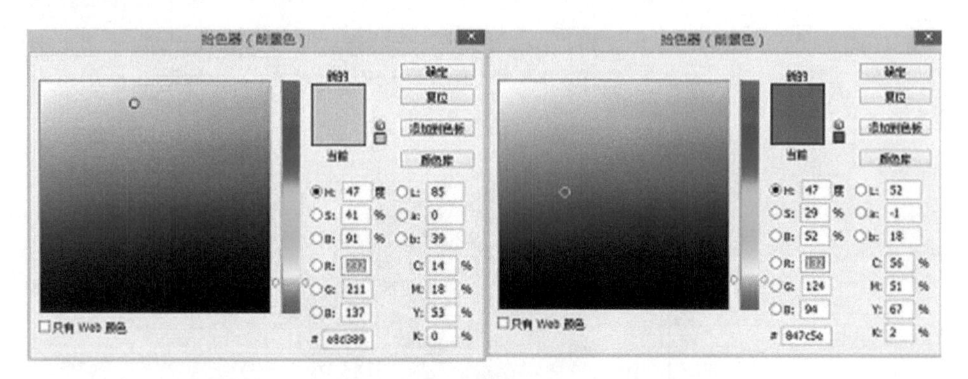

图4-24

（2）选择画笔并设置画笔喷枪的流量 喷枪柔边圆 50% 流量 ，把画笔的直径调整得大一些，开始上色。需注意在上色时两边的冷暖关系，假设主光是暖光从左上角打过来，背景在光源的影响下，左边会偏暖且光线感强一些，如图 4-25 所示。

8. 给背景加滤镜

我们需要一个虚幻模糊的背景，这样就要给背景加一个模糊滤镜。我们在菜单栏中单击“滤镜”选项下面的“模糊”选项，并选择“高斯模糊”选项，选择其半径为 60 像素，设置如图 4-26 所示。

图4-25

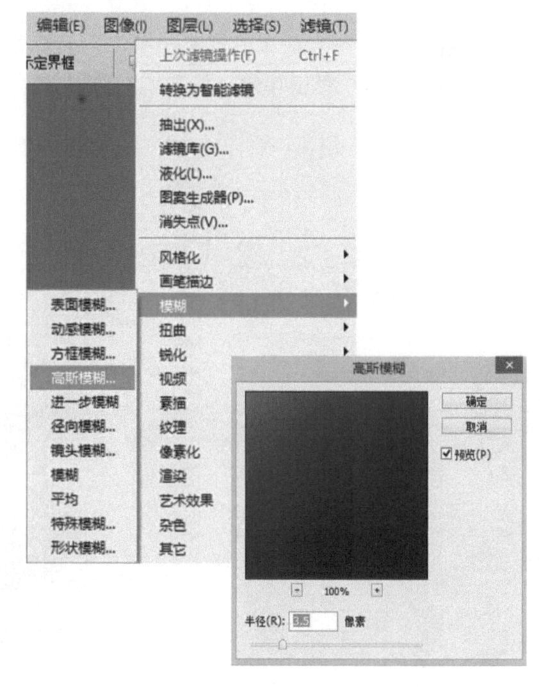

图4-26

9. 调整图层位置

（1）将背景层拉到起稿层的底部，不至于遮挡主体部分，而且更方便我们修改和调整。

（2）新建图层并命名为"上色"，将其作为色彩调整图层，从而更加细致地修改完善我们在"大关系"图层所绘制的内容，如图 4-27 所示。

图4-27

10. 进一步绘制月季花

（1）首先是分析花瓣的叠压。绘制花卉，我们首先必须知道花瓣与花瓣的关系，每一片花瓣都是一个小整体，都会有阴面、亮面，整朵花也是有受光部分和背光部分。

（2）进一步绘制之前，我们必须从绘画的角度认识所画物体。然后，根据对月季花结构的分析，在绘制的时候，花瓣的上、下、左、右关系，用较深的颜色表示，便于我们绘制时思路清晰，如图 4-28 所示。

图4-28

11. 刻画细节，明确花卉结构

我们从外到内进行调整，花瓣的边缘一般会亮于花瓣的底部，几片位置相近的花瓣亮部也会有细微差异，这就需要我们逐渐调整，如图 4-29 所示。

图4-29

12. 小笔触深入细节

将画笔的直径调小，在细节刻画的时候注意光线的方向、位置，可以利用吸管工具在已有颜色上取色、校色，以提高绘图效率。注意在调节细节的同时，把握整体的大关系，如图 4-30 所示。

图4-30

13. 刻画重点部位

重点深入阶段。这一步与传统绘画一样，当我们的画面整体色调完成后，就要对重点部位进行深入，以取得进一步深入的画面效果，如图 4-31 所示。

图4-31

14. 调整花头的虚实

把握虚实是我们绘制花卉的技巧之一，如果花的每一部分都处于同一种虚实状态，那么缺乏透视效果会让整体失去生动感。一般来讲，离光源近或是我们认为有美感和表现力的部分应该画得实一些，而远离光源的部分可以很巧妙地让它们虚过去。月季的绘制，我们分为两部分进行，一是光源，二是距离。离光源近的部分要实于距光源远的部分；离视觉近的要实于离视觉远的部分，如图 4-32 所示。

图4-32

15. 绘制叶片

利用我们讲过的虚实远近，绘制叶片。光源照到的位置比较亮，反之则暗。在这里，我们需注意叶子的整体不可以比花头更实，因为叶子作为月季花的衬托，不可喧宾夺主，如图 4-33 所示。

图4-33

16. 质感、光感调整检查

画面的整体、细节都表现出来了，现在我们进行质感、光感的调整。月季花的质感可以通过光感来衬托和表现，光线照射的透明度、花瓣的高光和冷暖关系都是这一步我们要调整的内容，如图 4-34 所示。

图4-34

17. 高光调整，整体检查

本幅画已经基本完成，调整和添加高光，可以在画面中起到画龙点睛的作用。这个时候要对整个画面进行检查，看有没有处理不当的地方，以便调整修改，以达到画面的理想效果，如图 4-35 所示。

图4-35

4.2.3 小节总结

本小节通过对月季花的绘制，介绍了 Photoshop 中分层、笔刷、高斯模糊等工具的运用方法，着重讲述了对花卉类绘画结构的理解和光感的表现。其中，花卉虚实、冷暖和质感的表现是本小节学习的重点。

4.2.4 思考练习

通过对月季花绘制的学习，思考并练习其他类花卉的绘制。

4.2.5 技能拓展

吸管工具的应用

按 Alt 键使用吸管工具选取颜色，即可定义当前背景色。通过结合吸管工具（Shift+I 组合键）和信息面板监视当前图片的颜色变化，变化前后的颜色值显示在信息面板上其取样点编号的旁边。通过信息面板上的弹出菜单，用户可以定义取样点的色彩模式。要增加新取样点只需在画布上用吸管工具在任意地方再点一下，然后再按 Alt 键单击鼠标就可以除去取样点，需要注意的是在一张图上最多只能放置四个颜色取样点。当 Photoshop 中有对话框（如色阶命令、曲线命令等）弹出时，要增加新的取样点必须按 Shift 键再点击，然后再按 Alt+Shift 组合键可以减去一个取样点。

4.3 静物应用实例——静物组合

4.3.1 创作思路

静物写生是美术基础课训练的重要内容，尤其是色彩静物更是每个学习美术的人的必修课程。它不仅训练初学者的构图和造型能力，也是提升初学者色彩感觉的重要手段。现在，我们就以一组静物为例，学习如何在 Painter 中画出一幅静物画。这组静物练习难度不大，主要结合传统绘画技法，没有太多的软件使用技巧。在进行静物创作时，我们要考虑以下问题：首先是静物的布局，这是构图问题，要考虑的是各物体的疏密及整体平衡的关系；其次要考虑画面的主要色调，是冷色调还是暖色调，是亮调还是暗调等。在这个实例练习中，我们还将尝试利用厚涂画笔表现水粉或油画的厚画法。绘制大致有以下五个步骤。

（1）布局静物，也就是通常我们所说的摆静物，这也是一个创意过程。笔者找了一些照片作为参考资料，反复在纸上构图。

（2）起草，把构思好的静物构图画出来。注意物体的关系及画面的重心。用铅笔画出物体的轮廓及简单的明暗关系。

（3）用大号画笔快速把整体色调画出来，要求每一部分的色彩要有冷暖关系。不要过多注意物体的细节。

（4）具体描绘，从最感兴趣的地方开始，具体刻画物体的色彩、体积、明暗。

（5）调整画面的虚实关系，完善画面。这一步不但要考虑整体画面的虚实关系，还要考虑具体物体的虚实关系，最后统一画面，完成绘画。

4.3.2 步骤详解

1. 创建文档

打开 Painter 软件，新建一个 800*600 像素的文档，分辨率为 300 像素（自己练习时可设置小一点的分辨率），命名为“静物组合”，单击纸纹选择图标，选择“艺术粗糙纸纹”，主要是想画出水粉的艺术效果，如图 4-36 所示。

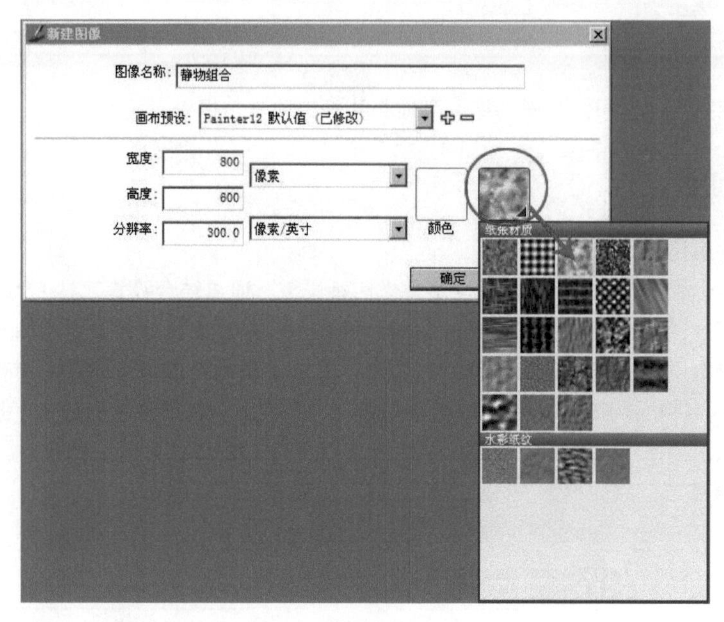

图4-36

2. 建立草稿层

新建一个图层，以此作为草稿图层，然后选择“丙烯画笔”中的“鬃毛画笔”起草，这个画笔有水粉笔的特点，并且随着画笔的运动，颜色会慢慢消失，透出纸纹的效果，具有水粉画的艺术效果。起草时，可把画笔的直径调小，并略施明暗，如图 4-37 所示。

图4-37

3. 铺设背景色调

新建一个图层，作为背景上色图层。上色时最好按照水粉的特点从重颜色、大面积开始，这样可以把握画面的明暗及色彩的层次；把画笔直径调整到合适大小从暗部开始；快速将背景颜色画上，上色时要随时更换颜色，以做到色彩丰富，如图 4-38 所示。

图4-38

4. 铺设桌面颜色

新建一个图层，作为桌面上色图层，同样先从暗部及投影开始，快速铺背景颜色；要随时更换画笔颜色，以求色彩丰富；同时，需注意桌面的明暗变化及前后的空间关系，如图 4-39 所示。

图4-39

5. 画白色衬布

新建一个图层，作为白色衬布上色图层，因为白色衬布是画面上最亮的部分，所以要注意在作画的时候把握颜色的明度，最好的方法就是白色衬布上最暗的部分也要比周围的颜色要亮一些。另外，作画的时候要注意笔法的走势和画布的明暗面处理，如图 4-40 所示。

图4-40

6. 创建其他静物图层

新建一个图层用来画水果和其他物品，如果你想把一个物体作为最精彩的东西来画，就要单独为这个物体建立一个图层。在这组静物中，我们只需要将玻璃杯单独作为一个图层。其他物品放在一个图层上，并不是因为玻璃杯是最精彩的部分，而是因为玻璃这种物体透明性质感适合用图层的透明度来表现，如图 4-41 所示。

图4-41

7. 调和画面颜色

第一遍色调铺完后，不要急于画玻璃杯，先调整一下所画的静物。这里笔者用的是“调和画笔”工具中的“扩散模糊”画笔。先从背景开始，全部调整一次，以基本能达到色彩融合的效果为止；注意调整物品所在图层的位置，在调整瓷瓶时建议更换“调和画笔”工具中的“模糊”画笔，也可以用 2B 仿真铅笔修改调和不当的物体，以达到预期效果，如图 4-42 所示。

图4-42

8. 创建图层

为玻璃杯新建一个图层，画玻璃杯时，要先画内容物或杯壁可见部分，选择“丙烯画笔”工具中的“干画笔”进行描绘，然后用2B仿真铅笔微调，如图4-43所示。

图4-43

9. 合并图层

静物的基本绘制已经完成，但一些细节还要补充，因为Painter的特性，我们要将所有图层合并后再做。这时你要将文件另存一份，以免出现错误和麻烦。最后，执行“菜单”下面的“合并所有图层”，如图4-44所示。

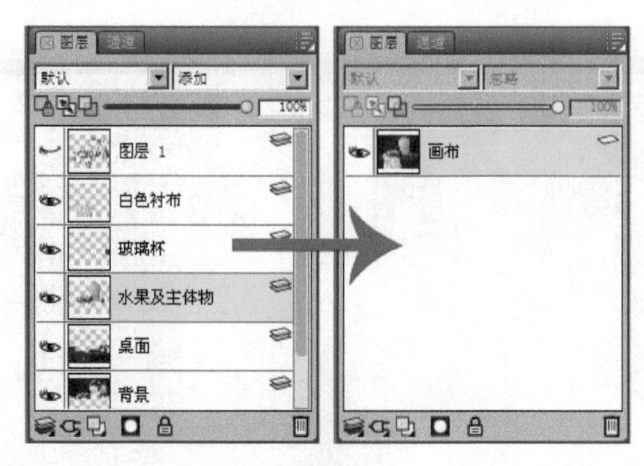

图4-44

10. 刻画细节

选择工具箱中的“套索选取工具”对主体物进行选择。先后单击鼠标左键进行羽化，数值为 15，如图 4-45 所示。

图4-45

11. 调整画面的虚实关系

接着单击菜单中“效果”命令下面的“焦点”中的“动态模糊”命令，并根据左边预览图设置数值。也可以用“调和画笔工具”中的“模糊画笔”对暗部或需要的地方进行模糊调和，强调画面的虚实关系，如图 4-46 所示。

用户也可以用“调和画笔工具”中的“模糊画笔”对暗部或需要的地方进行模糊调和，以强调画面的虚实关系，如图 4-47 所示。

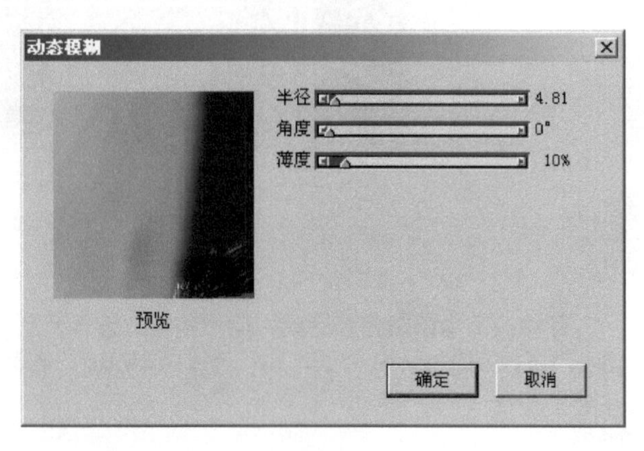

图4-46

图4-47

12. 完成绘画

添加衬布的花纹或其他细节，丰富画面，完成绘画，如图 4-48 所示。

图4-48

4.3.3 小节总结

静物组合训练是创作复杂作品的基础和前提，这组物组合训练中，我们除了掌握基本的塑造技巧外，还要注意画面的构图，各个物体的呼应关系。本实例中，运用了厚涂和块面表现技法，以及为表现画面虚实关系而使用的模糊效果和局部选择方法。

4.3.4 思考练习

厚涂画法与画笔之间的关系是什么？当我们不用厚涂画笔却想表现厚涂效果的时候，应该有哪些方法?

4.3.5 拓展技能

（1）单纯的厚涂笔刷很难控制效果，特别是很多厚涂的笔触交叉在一起会影响到造型的效果，用户可尝试如何控制厚涂画笔的厚度。

（2）厚涂画笔是能透过图层的，也就是说，即使上面有图层依然不能被覆盖。

（3）对于画面的模糊，在这个实例中我们应用了“动态滤镜”，同样我们也可以用“调和笔”中的画笔进行模糊处理。

第5章

风景系列实例详解

本章主要讲述了在Photoshop和Painter中风景手绘练习的基本方法。通过自然景观和人类建筑的练习，使学生掌握风景练习的流程和要点。另外，要注意学习近景、中景、远景的透视关系以及环境色彩的处理方法。

教学目标

- 掌握如何使用Photoshop进行风景手绘
- 掌握Painter在风景实例练习中的基本方法
- 掌握近景、中景、远景的空间关系中虚实的处理方法

5.1 风景应用实例——自然景观

5.1.1 创作思路

风景画相比静物画、人物画难度略小一点，对造型要求不是太高，但对整体色调的把握较高，需要有一定的技巧。本实例是一幅自然风景画的绘制。在绘画程序上与静物画没有太大的不同，只是在后期的颜色调整上借助软件中的色调控制功能来把握画面的整体色调。

在这幅风景画的创作中，需先考虑构图，然后考虑哪些画面我们可以借助计算机完成（如天空我们可以借助渐变命令进行填充）。哪些由手绘完成？在手绘时，要考虑选择什么画笔，绘出一种什么样的效果？创作自然景观有以下几个步骤。

（1）构思起草。本实例是一个室外自然景观，天空晴朗艳丽，物体的固有色非常明确，这是画面的整体感觉。用铅笔进行起草，画出大体形状及空间关系。

（2）从远处的山开始描绘物体。绘制的基本步骤应遵循由远及近，由虚到实、从大到小的原则。

（3）画近处的树林，注意单个树的描绘，也就是说，我们要找出一两个具体的树木作为描绘的重点。一方面是明确虚实关系，另一方面是突出重点。

（4）细节刻画。这一步主要是突出主要物体的质感，强化画面的亮点。

5.1.2 步骤详解

1. 建立文档

打开 Painter 软件，新建一个 1000×600 像素的文档，分辨率为 300 像素，命名为“自然景观”，单击“纸纹选择”图标，选择亚麻布纸纹。选择这种纹主要是想追求一种油画画布的效果，如图 5-1 所示。

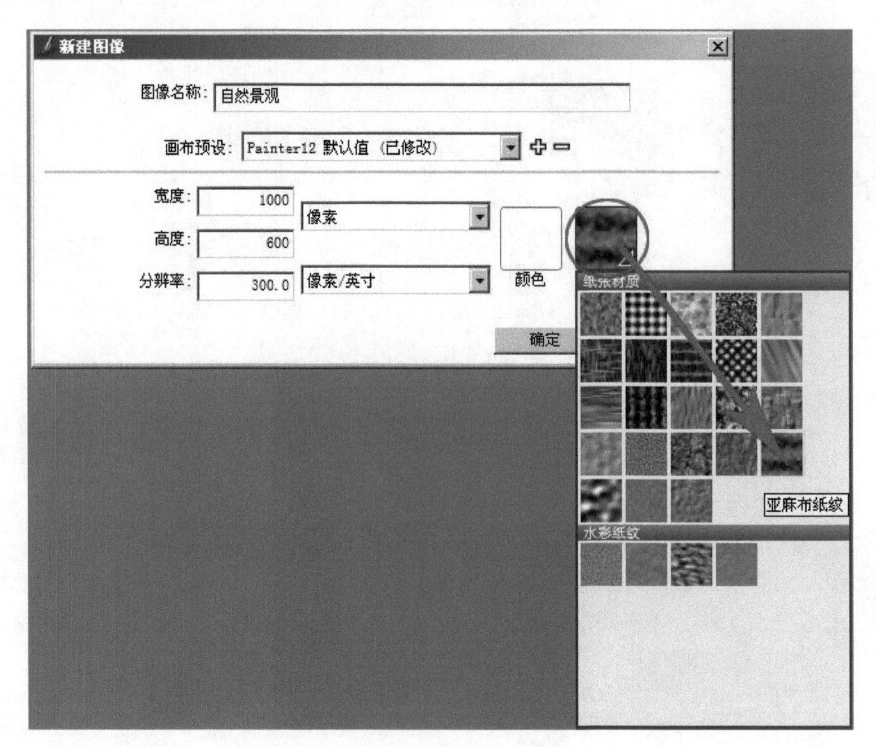

图5-1

2. 绘制草稿

新建一个图层作为草稿层，选择“2B 铅笔”中的“仿真 2B 铅笔”，并把颜色设置为黑色。开始起草。起草时要注意画面的空间关系，可适当画一些明暗效果，如图 5-2 所示。

图5-2

3. 选择填充工具

新建一个图层作为天空图层。选择油漆桶工具，在油漆桶工具属性设置栏选择“渐变填充”项，如图 5-3 所示。

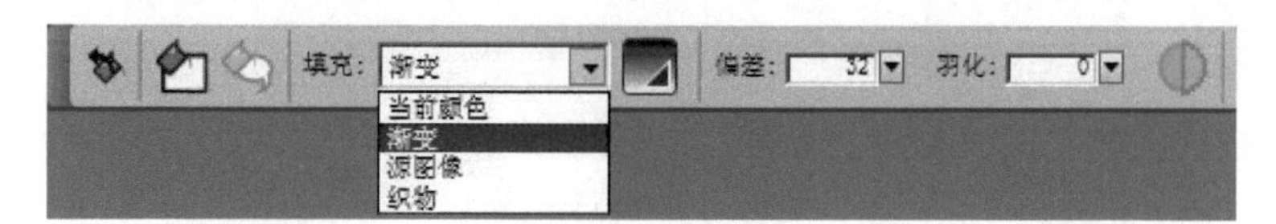

图5-3

4. 确定渐变填充的类型

单击旁边的渐变填充类型，然后选择一个“上下渐变填充”类型，如图 5-4 所示。

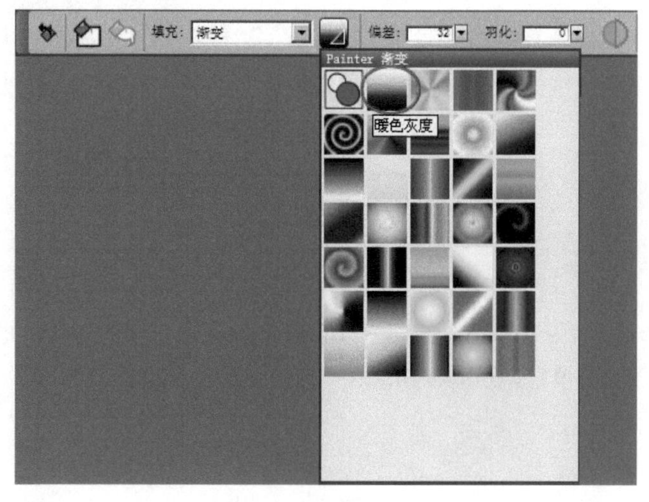

图5-4

5. 编辑填充

因为我们选择的渐变填充的默认色彩不是我们想要的色彩，所以要自己调整渐变填充的颜色，按 Ctrl+8 组合键可以调出渐变面板。然后单击右上角的扩展按钮，选择“编辑渐变填充”命令，如图 5-5 所示。

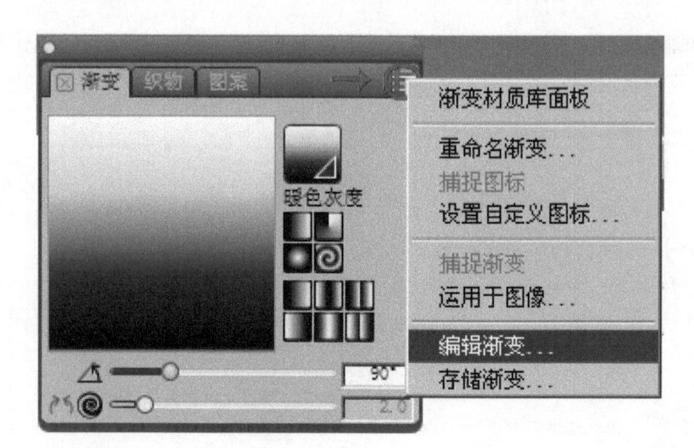

图5-5

6. 选择填充色彩

在调出的“编辑渐变”对话框中单击下面的小三角图形，然后在颜色面板中选择一种需要的颜色；用同样的办法，完成天空渐变颜色的选择。如果以后还需类似的填充，可以存储起来，留作备用，如图 5-6 所示。

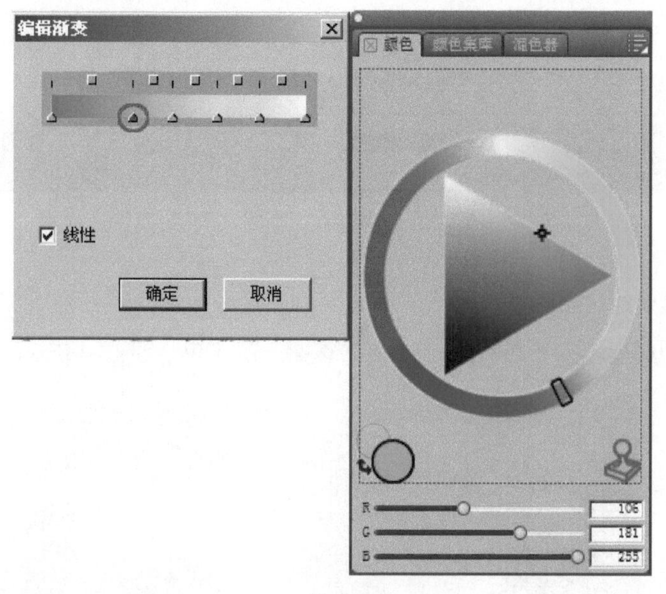

图5-6

7. 填充天空

新建一个图层，在该图层上画出天空。首先在天空部位拖出一个方框，方框的大小正好是天空的部分，松开鼠标便可完成天空颜色的填充，如图 5-7 所示。

图5-7

8. 绘制远山

新建一个图层，置于天空图层的上面，在这个图层上绘制远山。选择“丙烯画笔”中的“干画笔”，先从暗部开始，注意山的整体色调，特别是色彩明暗、冷暖变化，如图 5-8 所示。

图5-8

9. 绘制远处树林

新建一个图层，作为前面树林的近景图层。用同样的方法把大关系画出来，为了突出空间透视关系，可利用调和画笔进行模糊调和，如图 5-9 所示。

图5-9

10. 添加云彩

新建一个图层，放在山的图层下面和天空图层的前面，然后画云。云不是简单的白色，同样有明暗、冷暖的变化关系，通常晴天的云上面实冷，下面虚暖，阴天则相反。用同样的方法把大关系画出来。至此，第一遍色彩算是画完了，技巧性不强，用到的都是传统美术基本功，如图 5-10 所示。

图5-10

11. 选择粉笔工具

下面是添加细节。在用笔上，笔者选择“粉笔和蜡笔”中的“矩形粉笔”，这种笔刷的优势在于能透出纸纹效果，多重复几笔还可以覆盖纸纹。当然，也可以对画笔进行自定义设置，执行菜单“窗口”下面的“画笔控制面板”即可看到有关画笔的定义菜单，如图 5-11 所示。

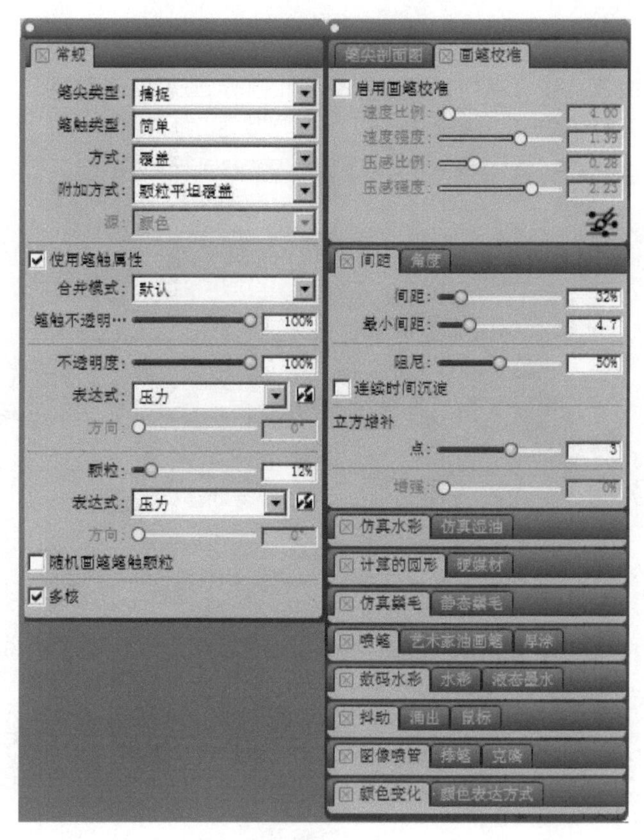

图5-11

12．细节描绘

我们依然从山的主体开始描绘细节。画的时候要注意山崖石的阴阳相背、缝隙和质感。因为要表现不同的质感，在画的时候可以随时根据需要更换画笔及画笔的直径，如笔者经常更换“丙烯画笔”中的“干画笔”和“2B 铅笔”中的“仿真 2B 铅笔”，如图 5-12 所示。

图5-12

13. 描绘近景

接下来画前面的树林及小路。这时可以打开草稿的图层显示，查看与当时起草时的情况有没有大的出入。然后开始画具体细节，画的时候要比山更具体一些，这样可以把山推得更远一些，以增加空间感。画时，依然可以在几个画笔之间来回更换，以取得更好的效果，如图 5-13 所示。

图5-13

14. 调整白云细节

完成白云的细节调整，建议使用“2B 铅笔”中的“仿真 2B 铅笔”。因为这支笔对画面细节的绘制特别有用。然后，用“调和画笔”中的“细节调和画笔”润色，如图 5-14 所示。

图5-14

15. 调整白云的透明度

在图层浮动面板中，用鼠标拖动透明度滑块，以调整白云图层的透明度，直到满意为止，如图 5-15 所示。

16. 调整结束

缩放画面窗口，查看画面的整体效果，调整局部细节，完成整幅画的绘制，如图 5-16 所示。

图5-15

图5-16

5.1.3 小节总结

本实例的绘制过程，主要是向大家讲述在 Painter 中如何利用“渐变填充”工具画天空背景；在图层的使用上，如何改变图层的透明度；在风景绘制中，如何调整画面的整体气氛等一些关键问题。

5.1.4 思考练习

Painter 中的渐变填充与 Photoshop 中的渐变填充有哪些异同?

5.1.5 技能拓展

1. 获取渐变

在 Painter 中打开一张图片，使用矩形工具在图像上建立一个选区作为获取渐变的区域。单击渐变面板右上角的三角按钮，选择“Capture Gradient”（获取渐变），在调出的面板下中输入渐变的名称。

2. 渐变面板

在渐变面板中，我们可以看到刚刚获取的色彩渐变。移动圆环中的红点，可以改变渐变的方向。圆环右边是渐变的四种类型：直线形、放射形、圆形和螺旋形。使用螺旋渐变时，按 Ctrl 键转动红球，可以改变螺旋线的紧密度。渐变面板下方的预览条，可以显示出当前渐变的顺序和效果。预览条下面有六个渐变顺序按钮，用来决定渐变的排列顺序。

3. Edit Gradient（编辑渐变）

在 Edit Gradient（编辑渐变）对话框的上方有一个调节渐变效果的滑框，滑框上方的小方块叫作颜色标记，滑框下方的三角形滑块叫作颜色控制点。

单击渐变条中间位置，可以添加一个控制点。如果要删除某个颜色，可以选择要删除的颜色控制点，然后按 Delete 键将其删除。

更改颜色，可以选中颜色控制点，在彩色面板中进行更改。单击方块颜色标记，在对话框中则会出现一个 Color（颜色）选项。

5.2 风景应用实例——现代都市

5.2.1 创作思路

提起现代都市，我们首先想到的就是高楼大厦、车水马龙。现代都市作为现代人文景观的代表，充满着工业文明的气息。不同地域的城市会带给我们不一样的视觉感受。在这一小节，我们选择以美国旧金山的金门大桥的景致为创作素材，为强化光效，我们将绘制夜色下的现代都市。绘制的过程大致有以下几个步骤。

（1）绘制草图。首先是构图，我们采用“井”字构图，以金门大桥作为重点，所以应将金门大桥放置在视觉中心点上。其次应注意景物造型的设计和景物之间的前后透视关系。在草图的绘制阶段，我们不可能面面俱到，所以整体效果和预想的感觉大体一致就可以进行下一步了。

（2）分图层上色阶段。这个阶段是本小节的精华所在，Photoshop 的图层功能可以在这个阶段发挥最大作用。我们所要画的场景有前后景分明、空间感强的特点，这样的场景很适合分多图层绘制。例如，金门大桥的钢架结构有很多空隙，对后背景会有一定的遮挡，如果分层进行，大桥的图层在背景图层之上，绘制起来就方便很多了。

（3）深入刻画、调整阶段。运用景物分层可以让我们在深入刻画和调整阶段省力很多。我们可根据景物的遮挡关系调整图层的先后顺序，分别调整所在图层的景物，最后合并相关图层。在这个阶段需要把握整体大关系，处理好透视。

（4）检查调整阶段。光晕的添加会让整个画面看起来增色不少，在这个阶段检查是否还有疏漏的高光、色调等方面的细节需修改，以到达我们预期的效果。

5.2.2 步骤详解

1. 新建文档

打开 Photoshop，新建一个文档，命名为“现代都市”，预设为国际标准纸张，大小选择 A4，宽度为 210 毫米，高度为 297 毫米，分辨率为 300 像素，如图 5-17 所示。

2. 旋转画布

我们需要横版的画纸，所以选择“图像”命令，用鼠标左键单击“图像旋转”命令，选择“90 度（顺时针）”，如图 5-18 所示。

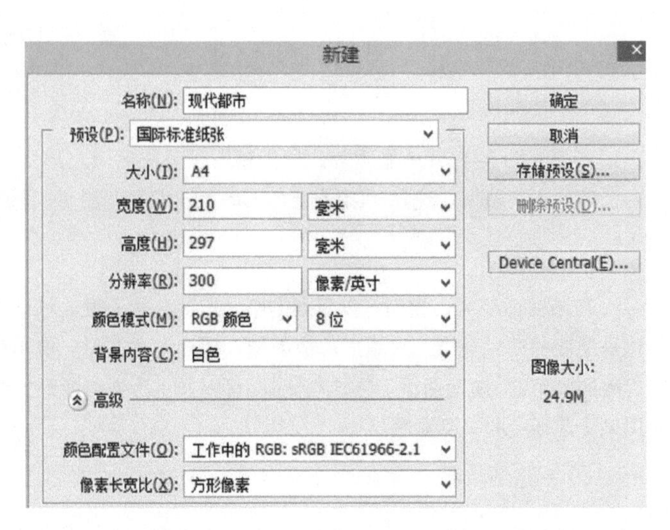

图5-17

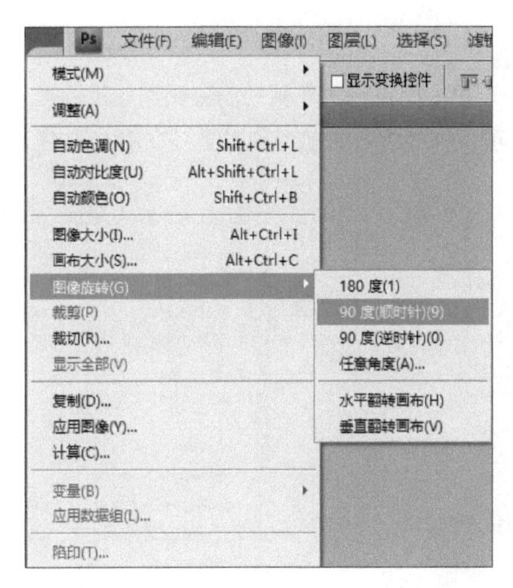

图5-18

3. 新建图层

新建一个图层，命名为“起稿”，颜色选择“无”，模式“正常”，不透明度选择100%，如图5-19所示。

【新建图层快捷键】: Shift+Ctrl+N。

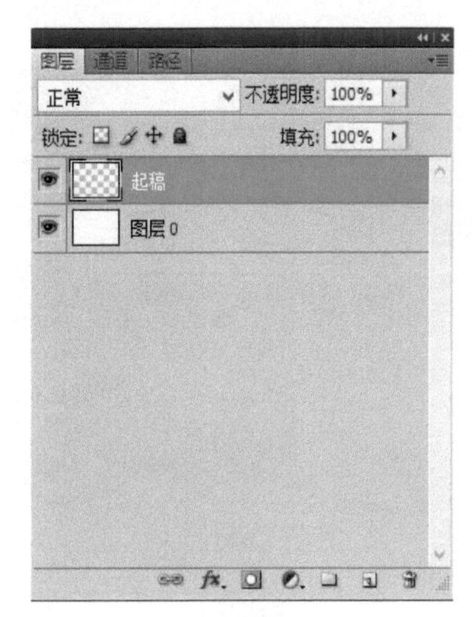

图5-19

4. 使用标尺工具定位

在起稿之前，我们需要进行构图设计，利用Photoshop中的标尺工具能更方便定位。接着利用“井”字构图把画纸横、纵向分别分成三个等份，来分别设定静物位置。最后，选择“视图”项，单击“标尺”工具，如图5-20和图5-21所示。

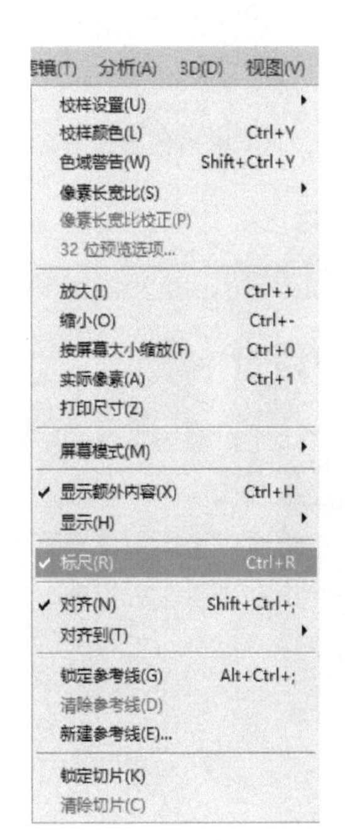

图5-20

图5-21

5. 隐藏标尺工具

定好位后，需要隐藏标尺，以免后面进行的草稿绘制会受到标尺的影响。选择“视图”工具，单击“显示”命令，同时单击“参考线”项，去掉参考线前面的对号，如图 5-22 所示。

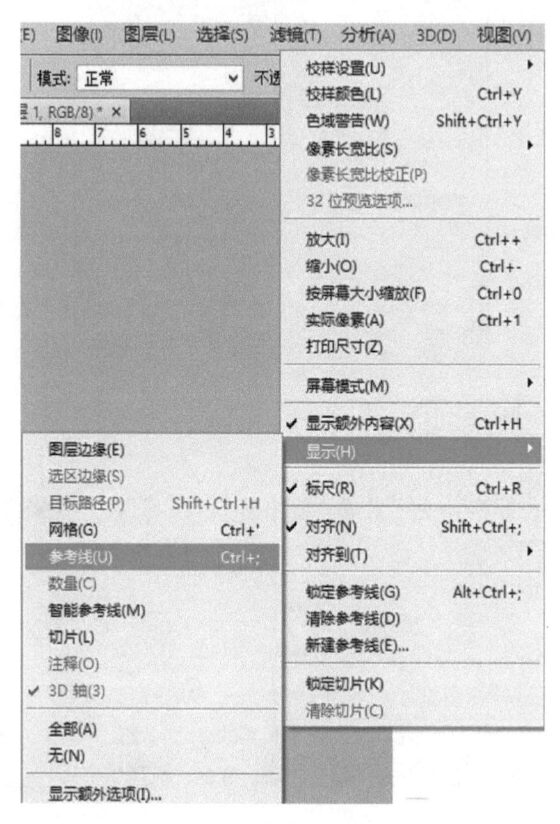

图5-22

6. 选择笔刷

选择刚建好的“起稿”图层，并选择尖角画笔工具，主直径设置为 65，用拾色器选取合适色彩，开始绘制草图，如图 5-23 所示。

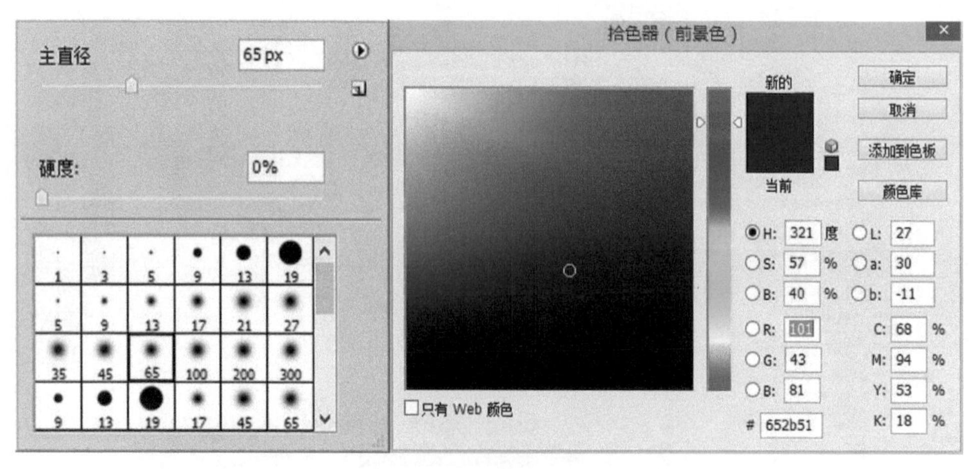

图5-23

7. 绘制草图

根据设计的构图位置，我们开始绘制草图，如图 5-24 所示。

图5-24

8. 绘制单色素描关系

调节画笔直径，并选择柔角画笔，概括草图景物的前后遮挡关系，并找出黑白灰大关系，如图 5-25 所示。

图5-25

9. 新建“背景”图层并上色

（1）景物有遮挡关系，为了景物间不受影响，我们给景别以及景物分图层进行上色。使用 Shift+Ctrl+N 组合键新建一个图层，命名为“背景”，并将其图层拖至起稿层下，如图 5-26 所示。

（2）用柔边大直径画笔和紫红色调子进行上色，如图 5-27 所示。

【新建图层组合键】：Shift+Ctrl+N。

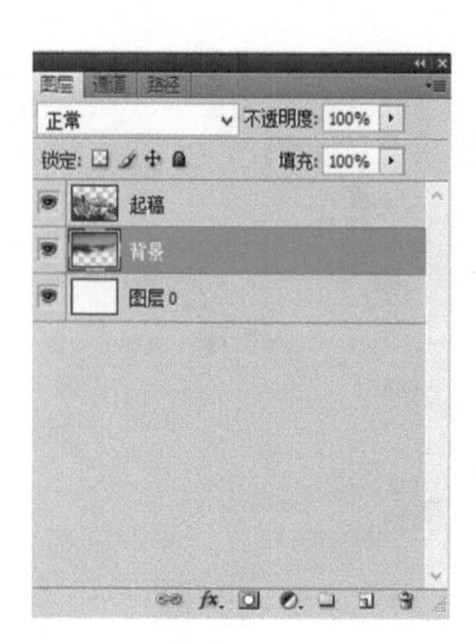

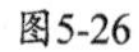
图5-26

图5-27

10. 新建“前景”图层绘制前景

（1）使用 Shift+Ctrl+N 组合键新建一个图层，命名为“前景”，至于顶层，如图 5-28 所示。

（2）用重色绘制前景树丛的遮挡，如图 5-29 所示。

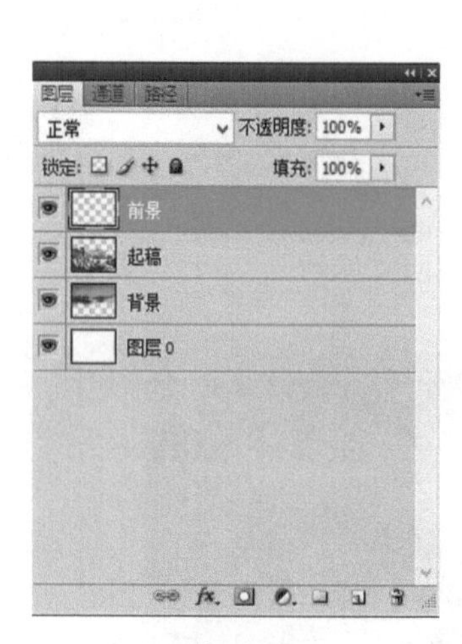

图5-28

图5-29

11. 新建并绘制“大桥”图层

使用 Shift+Ctrl+N 组合键新建一个图层，命名为“大桥”，置于第二层；在绘制大桥时注意大桥透视关系的处理。我们选用鲜亮的颜色来绘制夜晚的路面，以表现车流，如图 5-30 所示。

图5-30

12. 新建“水”图层、“楼群”图层

为了方便绘制和修改，再新建两个图层，分别命名为“水”“楼层”。绘制水的时候注意区分左右两部分水的色彩差异，我们设计左侧的色彩比右侧的偏冷一些。对岸的楼群，我们用简洁的方式进行处理，先将第一层按调子画上，概括出楼群的总体轮廓，如图 5-31 和图 5-32 所示。

图5-31

图5-32

13. 用光影绘制楼群

我们用重色打底，用鲜亮的颜色勾边，来突出都市夜晚的繁华，并点缀大大小小的光斑，如图 5-33 所示。

图5-33

14. 进一步完善背景云层

选择“背景”图层，用柔边工具绘制云层，在工具栏中选择“涂抹工具”。涂抹工具一般用在颜色与颜色衔接的边界处理上，它可使过渡颜色变得柔和、自然。然后选择“涂抹”命令，进行横向涂抹，进一步完善云层，如图 5-34 和图 5-35 所示。

图5-34

图5-35

15. 进一步绘制“水”图层

选择“水”图层，同样用涂抹工具对水波纹进行绘制。绘制波纹的时候，应注意天空和岸边景物对其产生的影响，如图 5-36 所示。

图5-36

16. 大桥的细节刻画

这一阶段需完成很多细节上的刻画，大桥的护栏和灯光需要进一步完善，选择“大桥”图层，用重色尖角画笔完成，如图 5-37 所示。

图5-37

17. 新建“光斑”图层并绘制

为了更好突出光感，我们需新建图层，将其命名为“光斑”，置于第二层；然后，选择喷笔工具，调节适当的画笔直径，给画面增添光感，让画面亮起来，如图 5-38、图 5-39 和图 5-40 所示。

图5-38

图5-39

图5-40

18. 细节深入刻画，调整检查

通过添加高光等对细节的深入刻画使画面达到画龙点睛的效果。检查整体上有无疏漏，细节上是否还需要完善，使画面色彩丰富协调，以达到预期的效果，如图 5-41 所示。

图5-41

5.2.3 小节总结

本小节通过对现代都市的绘制，使学生了解 Photoshop 场景绘制的特别方法——分景别图层绘制。同时，使学生掌握笔刷、调色、涂抹等工具的运用，重点在于根据所绘内容，熟练运用图层。本小节的难点在于景物及景物之间层叠关系的把握，而透视和虚实是 CG 手绘的重点也是难点。

5.2.4 思考练习

通过对现代都市的学习，绘制都市街道场景。

5.2.5 拓展Photoshop工具技能

涂抹工具和模糊工具的区别及运用

Photoshop 中模糊工具和涂抹工具是常用的绘图工具，一般用于对图像效果的微调。模糊工具的主要作用是使涂抹的区域变得模糊，以突出主题的部分。而涂抹工具则类似于小孩用手指在一副未干的油画上划拉一样，会出现把油画的色彩混合扩展的效果。

第6章

场景系列实例详解

本章主要讲述了如何使用Photoshop和Painter进行漫画、游戏场景的绘制。在实例学习中，要注意漫画、游戏场景的不同风格的场面气氛表达，以及学习软件特效功能的使用，使其更好地配合手绘工作，发挥电脑美术的表现优势。

教学目标

- 了解漫画、游戏场景的表现方式
- 掌握如何在漫画、游戏场景使用电脑特效
- 学习漫画、游戏场景的创作思路

6.1 场景应用实例——星际场景

6.1.1 创作思路

星际场景是科幻电影中经常出现的镜头，更是手绘爱好者喜欢表现的内容，它可以让思想任意驰骋，画出梦幻似的场景。星际场景的整体气氛很重要，这幅画在创作的过程中内容有些变化，为了体现绘画创作的真实过程，故意保留了这些变动，旨在告诉初学者一幅画的创作是一个非常艰辛复杂的过程。为了更好地表达主题构思，往往要进行反复的推敲和修改，如这幅画在创作时考虑到画面的整体效果，就把已经基本完成的飞碟去掉了。

（1）创意构思。对于太空场景，整个画面要给人一种神秘、梦幻的感觉。首先要确定画面的色调，然后规划场景中的主体物，主体物的色彩要符合画面的整体色调。

（2）起稿阶段。用仿真 2B 铅笔画出大体轮廓，不一定很准确，但要说明问题，体现物体的位置、大小及它们之间的关系。

（3）铺大体色调。这一步要用大号画笔，把整体的色彩氛围画出来，给画面定一个基本的调子，后面所有的东西都要服从这个色调。

（4）改变画笔的直径。画具体的物体，要求简练、准确；把大的体积、转折找出来；注意物体的明暗面及它们的冷暖关系。

（5）调整画面，检查画面。查看各物体的关系、色彩是否符合创意要求，如果有偏差，需及时调整，确保画面效果。

（6）刻画细节，完善画面。要求有意强化主要物体，让应该精彩的东西更精彩。

6.1.2 步骤详解

1. 建立文档

打开 Painter 软件，新建一个 800×600 像素的文档，分辨率为 300 像素，命名为“星际场景”，其他设置为默认，如图 6-1 所示。

图6-1

2. 起草稿

新建一个草稿图层，选择“2B 铅笔”中的“仿真 2B 铅笔”，设置画笔直径为 3，然后根据自己的创作意图起草草稿，力求简洁、准确。在这幅画中，主要元素有飞碟、星云、星球及电影中出现的悬浮陆地等，如图 6-2 所示。

图6-2

3. 画星云图层

新建一个图层作为星云图层，选择“丙烯”中的“干画笔”，设置画笔直径为 50，画出星云，注意云的透视及变化，可先用块面表现，强调整体色调，如图 6-3 所示。

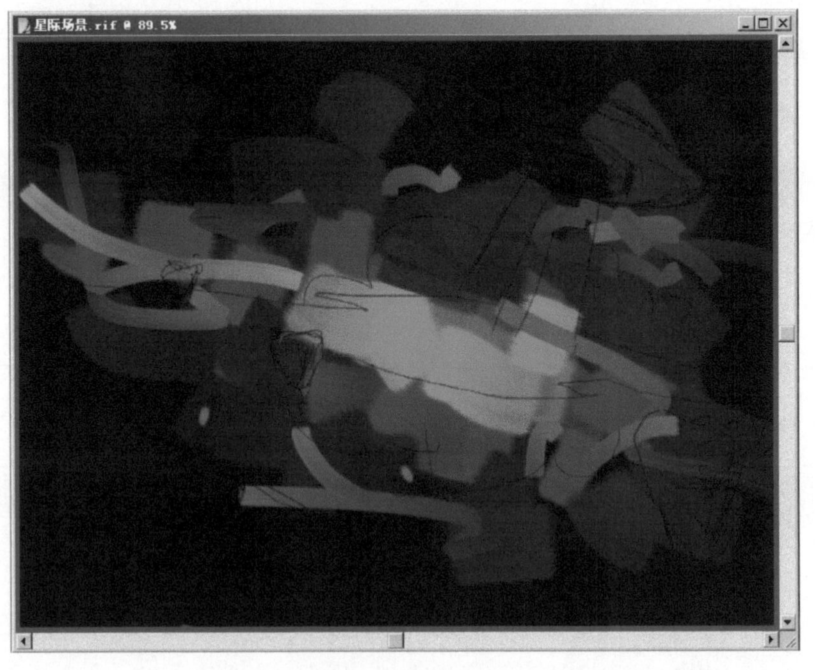

图6-3

4. 调和星云笔触

仍然用“丙烯”中的“干画笔”，设置画笔直径为 70，在画面上涂抹，注意不要停笔，不然就不能出现调和画笔的效果。之所以用它当调和画笔用，主要因为它可以稀释和模糊前面画笔笔触，但不会改变前面画笔的走势，如图 6-4 所示。

图6-4

5. 绘制星球

新建一个图层，用“丙烯”中的“干画笔”画出近处的星球，可以用“2B 铅笔”中的“仿真 2B 铅笔”，交替表现，以利于细节的描绘，如图 6-5 所示。

图6-5

6. 添加飞碟

新建一个图层并命名为“飞碟”，用“2B 铅笔”中的“仿真 2B 铅笔”描绘飞碟，如图 6-6 所示。

图6-6

7. 绘制悬浮陆地

新建一个图层并命名为“悬浮陆地”，使其位于星球图层的下方。用“丙烯”中的“干画笔”画出大体形态。要注意用悬浮陆地的不同笔触来确定远近关系。如果在画的过程中发现飞碟的位置不太合适，可使用工具箱中的“图层调整工具”在画面上单击鼠标左键调整其位置，并配合菜单中的“自由变换”或“变形工具”进行调整，如图 6-7 所示。

图6-7

8. 调整画面并添加次要物体

到目前为止，主体物基本完成了初步绘制，接下来需对每个形体进行调整和细节进行刻画。画到现在，发现飞碟在画面上有点不协调，决定去掉，这也说明一幅画的创作往往很曲折，创作的过程也是发现美的过程。所以，整体和色彩的环境氛围是很重要的，如果一个东西画得不错，但与整体画面不协调，也要决心去掉，而添加一些悬浮陆地和其他东西，如图 6-8 所示。

图6-8

9. 完善悬浮物

完善悬浮物体，可以借鉴《阿凡达》电影中的场景，进行细节描绘，但要注意本画在创作中气氛的协调性，如图 6-9 所示。

图6-9

10. 新建图层绘画远处星云团的效果

在背景层上面新建一个图层，选择“喷笔”中的“数码喷笔”，设置大小为 100 左右，选择比较亮的颜色适当涂抹，力求画出远处星云团的效果，如图 6-10 所示。

图6-10

11. 新建图层绘画单个太空物体

在背景层上面再新建一个图层，选择“喷笔”中的“数码喷笔”，设置大小为 30 左右，选择比较亮的颜色进行喷涂，随时调整“数码喷笔”的大小。对大小不一的地方，可单击鼠标左键画出一些亮的单个太空物体，如图 6-11 所示。

图6-11

12. 细节完善

选择最大太空星球的图层，添加细节，这时发现星球的图层如果再亮一些效果会更好。执行菜单中“效果”下的“色调调整”中的“亮度对比度”，以调整星球的亮度。然后进一步完善，结束绘画，如图 6-12 所示。

图6-12

6.1.3 小节总结

场景的绘制与单纯的风景画不同，更注重的是画面整体的气氛表达。在本实例中，我们可以看到一幅场景的创作并不是一帆风顺的，为了达到自己心中创作的要求，可能会有很多反复。另外，本实例还介绍了为统一画面明度及色彩，如何利用画面整体调节命令。

6.1.4 思考练习

在 Painter 的色调控制中有很多命令，如色调校正、调整颜色、均衡、亮度对比度等。请思考，我们如何按照自己的意愿对一个图层的局部进行色调控制?

6.1.5 技能拓展

Painter 的校准颜色功能可使用户用 Gamma 曲线调节的方式改变图像颜色的相对值，该指令类似于 Photoshop 的曲线调节方式。它经常用于调节扫描后的图像以及修改图像的颜色，有时也可用于建立超现实的颜色效果。使用时，打开效果菜单，调整颜色对话框，用户可以在其中看到曲线图，如图表中的数值越大，则图像值越浅或偏亮。曲线图下有红色、绿色、蓝色和灰色小图标。一般灰色小图标代表了控制曲线的全部颜色成分，用户也可以单独调节红色、绿色和蓝色的小图标组成曲线。当鼠标选择色彩校准的选项时，可弹出选项菜单，在其中包含有下列四种调节方法。

（1）亮度和对比选择可通过滑标来控制图像的反差和亮度，其操作结果与前述的滤镜效果相同。

（2）曲线选择可精确调节图像的颜色。操作时可用鼠标单击曲线，并拖住曲线移动。

（3）徒手绘线选择 Freehand 选项，用户可以在曲线图上自己用铅笔制作或编辑曲线，该方法在制作颜色色阶分离或曝光效果时常常用到。

（4）高级控制选择 Advanced 方式，可以使用户分别调节图像的红色、绿色和蓝色曲线，其作用点包括高光点、阴影、中间色调以及四分之一和四分之三色调点，利用该指令可精确地调节图像的颜色。

6.2 场景应用实例——神话宫殿

6.2.1 创作思路

动漫、游戏中场景设计是作品构成中重要的组成部分。场景设计是指动漫、游戏中除角色造型以外，随着时间改变而变化的一切物的造型设计。它可以让思想任意驰骋，画出梦幻似的场景。神话宫殿的造型构思要很巧妙，而且整体气氛很重要。这幅画的创作思路就是先制造一个宫殿存在的场地，然后是构想宫殿所处的环境氛围，也就是画面的整体色调气氛，最后是考虑宫殿的建筑质感与画面整体的色调融为一体。

（1）构思创意。首先查找一些资料，为城堡积累素材；然后是确定色调，这幅画的整体色调是黄昏逆光画面，所以要考虑逆光下物体的形体色彩变换和冷暖关系。

（2）起草。一旦确定了主题用哪些物体后，起草就简单了，主要是画出物体的大体轮廓、明暗关系。对于逆光下的云层，起草时可以不用过多描绘。这类物体用轮廓线不太好表现，重点放在上色阶段。

（3）铺整体色调。和画其他画一样，用大号画笔，迅速地将画面上主要的颜色画一遍，要注意大的冷暖关系和色彩倾向。不要过多注意细节。

（4）明确物体。用色彩强化物体的形状，虽然是逆光，但轮廓线非常重要，是逆光下表现物体形状很重要的部分。其他地方尽量虚一些。

（5）刻画细节。细节不要找太多，但要重点描绘。这是逆光下物体出彩的地方，这里的颜色要与云层受光的色彩一致，画面才能协调。

6.2.2 步骤详解

1. 建立文档

打开 Painter 软件，新建一个 800×600 像素的文档，分辨率为 300 像素，命名为“神话宫殿”，其他设置为默认，如图 6-13 所示。

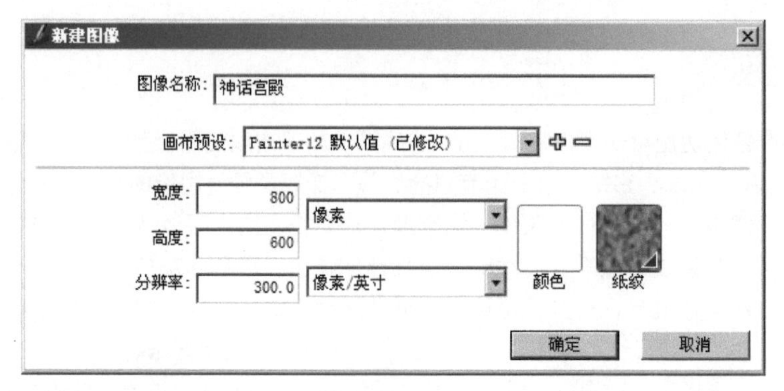

图6-13

2. 起草稿

新建一个图层，并命名为“草稿”，然后选择“铅笔”中的“仿真 2B 铅笔”画出神话宫殿的大体草稿，如图 6-14 所示。

图6-14

3. 描绘天空背景

新建一个图层，并命名为“背景”，然后选择“丙烯画笔”中的“干画笔”画出变幻莫测的背景天空。虽然画出的是色块，但也要注意天空的形体，如图 6-15 所示。

图6-15

4. 调和背景色彩

依然用“丙烯画笔”中的“干画笔”选择一个颜色，按住鼠标左键不放，在画面上涂抹，直到画面满意为止，如图 6-16 所示。

图6-16

5. 添加云彩

新建一个图层并命名为“云”，然后选择“丙烯画笔”中的“干画笔”画出云的形状，注意云的明暗变化，方法与画背景一样，如图 6-17 所示。

图6-17

6. 勾画云彩的亮部

选择“铅笔”中的“仿真2B铅笔”，根据云与背景中太阳的关系，画出夕阳照耀下云彩的金边，以求场景的真实性，如图6-18所示。

图6-18

7. 调整云彩

选择“调和画笔”中的“模糊”命令，或用“丙烯画笔”中的“干画笔”利用画背景的方法调整云彩，两种方法可交替使用，力求真实，如图6-19所示。

图6-19

8. 画宫殿城堡

新建一个图层并命名为“宫殿”，用“丙烯画笔”中的“干画笔”和“铅笔”中的“仿真 2B 铅笔”画出城堡的轮廓及大体明暗关系，如图 6-20 所示。

图6-20

9. 描绘宫殿细节

用“丙烯画笔”中的“干画笔”画城墙的纹理及其他细节。注意画笔的大小及颜色的变化，如图 6-21 所示。

图6-21

10．添加近处枝叶

用“铅笔”中的“仿真 2B 铅笔”深入刻画近处枝叶细节，主要是拉开场景的层次。注意画笔的大小及颜色的变化，如图 6-22 所示。

图6-22

11．调整画面色彩

到目前为止，近景基本完成，但画面的整体色彩还不够统一，尤其是近处的绿色与画面的整体气氛不太协调。执行“菜单”→“效果”→“色调控制”→“调整选取颜色”命令，对画面颜色进行调整，完成绘画，如图 6-23 所示。

图6-23

6.2.3 小节总结

本实例主要表现城堡在傍晚时阳光穿过云层的画面效果，在绘画中我们要注意云层在傍晚阳光的照射下明暗面的冷暖关系以及这种关系的微妙变化，同时也要考虑逆光中的城堡、树林的色彩变化。在处理这种画面时，物体的固有色一定要服从画面的整体色彩气氛。细节要让位于整体画面的氛围处理。

6.2.4 思考练习

利用色光关系的原理，绘制一幅清晨的风景画，对比一下明暗、冷暖关系的变化。

6.2.5 技能拓展

固有色是物体本身的颜色。绘画作品中，如果按固有色画，则会画出孤立的物体，因为物体表现出的颜色是受光源色和环境色影响的。影响最大的是光源色，物体的受光面都会受光源色影响，非受光面则会出现补色现象，特别是在阴影边缘更明显。环境色是反射的颜色，非受光面通常在强光下有较强的环境色影响。只有画好环境色整幅画才会协调，浑然一体。当物体的亮部及暗部物体和背景分不开时就用到了补色，补色就是对比色。在画彩画时，要注意冷暖关系和补色关系。

6.3 场景应用实例——卡通漫画场景

6.3.1 创作思路

在动画片的创作中，动画场景通常是为动画角色的表演提供服务的，动画场景的设计要符合要求，展现故事发生的历史背景、文化风貌、地理环境和时代特征；要明确地表达故事发生的时间、地点，结合该部影片的总体风格进行设计，给动画角色的表演提供合适的场合。本实例取自于动画片《崂山传奇》的场景，绘制过程中主要由起草、铺大体色调、曲线调整及用渐变工具填充草地剪影的方法和步骤来完成，绘制时要注意明暗色彩的冷暖关系。

（1）创意构思。本实例是动画片《崂山传奇》的一个场景，所以在创意方面要结合剧本，并且与其他场景的风格要一致。这是场景工作的重点。

（2）起草。用画笔画出物体的大致轮廓及他们的关系，由于是场景，还要把握好透视关系。

（3）用黑白色彩先画出物体的大体形状，主要是把素描关系画出来。这可以单独放一个图层，作为后面上色的一个参考。

（4）选择笔刷，铺大体色调。这一步要迅速，主要是画出主要物体的色彩倾向。确定明暗和冷暖关系，中间可利用软件的色调调整功能统一画面的整体。

（5）细节刻画。找出物体明暗及冷暖的转折面进行具体刻画。添加一些其他物体，使画面更加丰富、完善。

6.3.2 步骤详解

1. 新建文档

打开 Photoshop，新建一个文档并命名为“场景绘制”，在预设中选择“胶片和视频”项，大小设置为 hdtv1080p/29.97，如图 6-24 所示。

新建

名称：场景绘制

预设：胶片和视频

大小：HDTV 1080p/29.97

宽度：1920 像素

高度：1080 像素

分辨率：72 像素/英寸

颜色模式：RGB 颜色 8 位

背景内容：白色

高级

颜色配置文件：不要对此文档进行色彩管理

像素长宽比：方形像素

确定

取消

存储预设...

删除预设...

图像大小：

5.93M

图6-24

2. 新建图层

建立一个草稿图层，单击图层面板下方的新建图层按钮，新建图层，如图 6-25 所示。

图6-25

3. 选择画笔

选择简单圆形画笔，因为简单的笔刷痕迹更加清晰明朗，如图 6-26 所示。

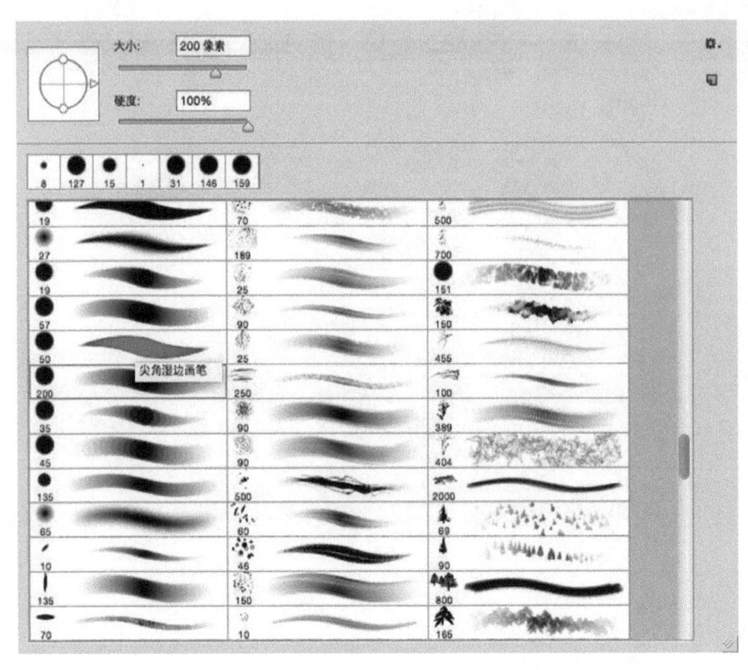

图6-26

4. 用拾色器选择颜色

可使用拾色器（前景色或背景色）进行颜色的选择，单击拾色器按钮，打开“拾色器”对话框，如图 6-27 所示。

拾色器快捷键：shift+alt+ 右键。

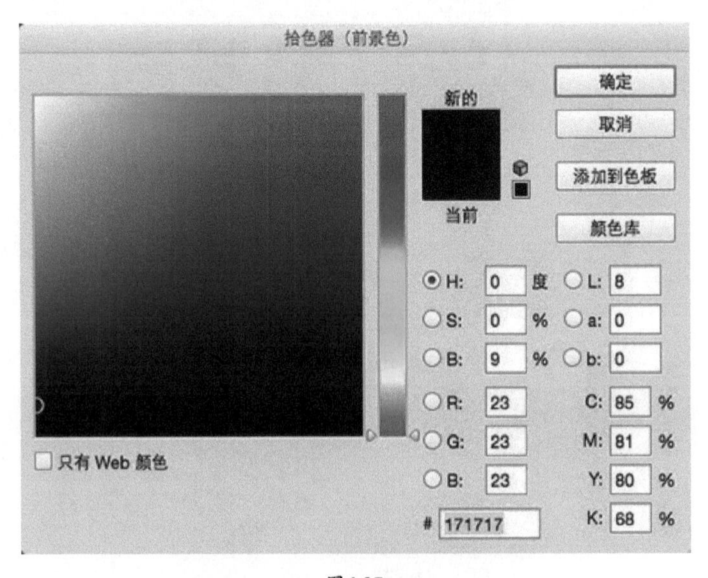

图6-27

5. 绘制草图

（1）在开始动笔之前一定要明确自己要画什么，画面是什么样的。然后用笔将脑海中的画面描绘出来。在画脑海中预期画面大体的构图时，用笔要轻松，线条要简洁，如图 6-28 所示。

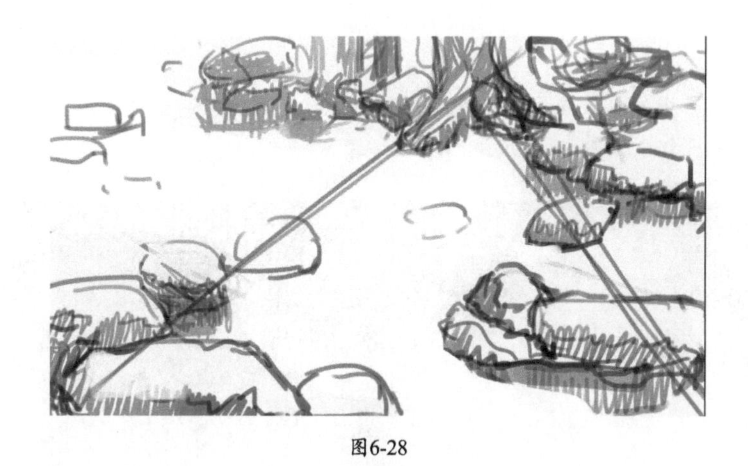

图6-28

（2）给草图描绘单色，也就是素描效果。将画面的黑白灰描绘出来，用笔尽量轻松自然，如图 6-29 所示。

图6-29

6. 铺色

开始上色时，要按照草图的构图，用黑、白、灰三个层次将颜色大体铺一遍。需要注意的是，这一遍需将物体的冷暖关系区分开，这里暗部比亮部画得稍微暖一些。同时，注意近处与远处的色彩的透视关系，如图 6-30 所示。

图6-30

7. 深入塑造

进一步塑造，在不破坏整体画面的情况下，对单个物体进行塑造。注意画面空间的色彩关系以及物体之间细微的色彩变化，如图 6-31 所示。

图6-31

8. 调整画面亮度

如果亮度太低，会使整个画面太暗、不透气，可通过曲线调整增加画面亮度。单击图层窗体下的亮度按钮，选择“曲线”选项，如图 6-32 所示。在曲线调整窗口，依据具体需要添加锚点进行调节，如图 6-33 所示。

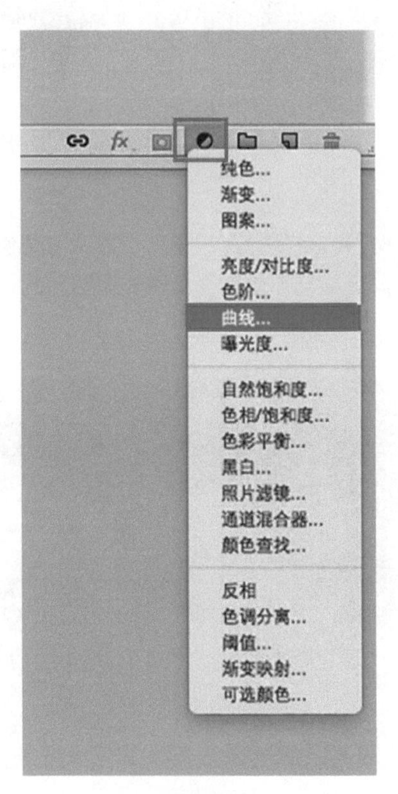

图6-32

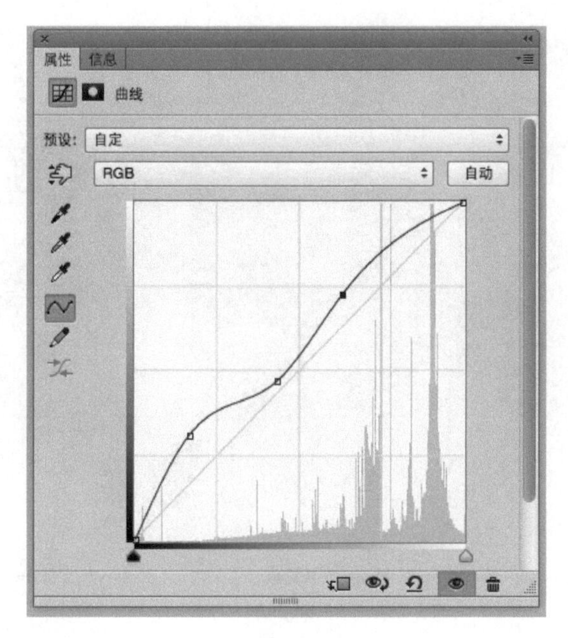

图6-33

9. 绘制画面质感

重新回到整体，调整细节，使之符合整体画面。将整个画面中水和石头的质感都画到位，修改笔触，避免画面潦草凌乱，如图 6-34 所示。

图6-34

10. 剪影植物绘制

（1）深林中的小溪边应该少不了植物，植物能增加画面气氛又能点缀色彩。选择套索工具绘制近处的植物，这样会有一种卡通漫画的效果，如图 6-35 所示。

（2）单击“套索工具”按钮，按住“Shift”键不放，用套索工具勾勒出想要的植物形状，注意疏密变化，如图 6-36 所示。

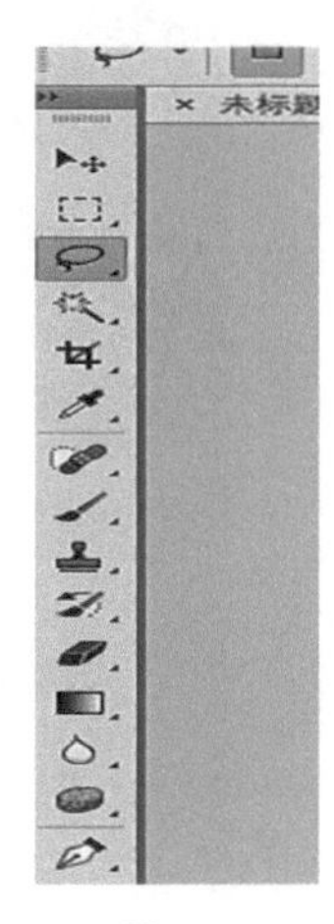

图6-35

图6-36

11. 剪影植物绘制

（1）在选区画好后，用渐变工具进行上色，但首先需调节渐变工具属性，如图 6-37 所示。

（2）在上色之前新建一个图层，以保证制作的植物在单独的一个图层上便于调节。用拾色器选择颜色后，在选区内用渐变工具上色，在这个过程中最好用两个到三个颜色控制好变化，如图 6-38 所示。

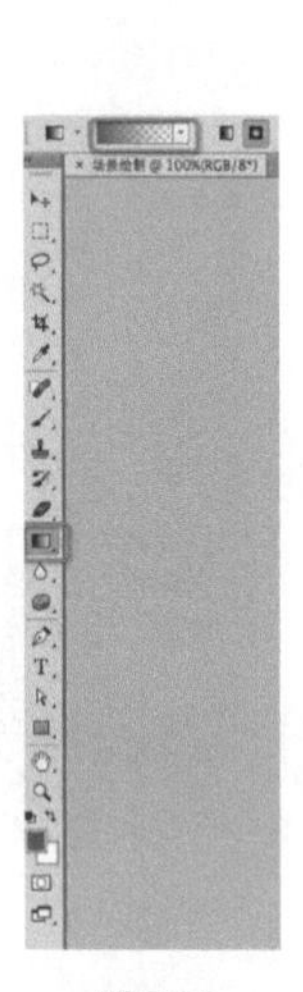

图6-37

图6-38

12. 添加植物完成绘画

利用之前方法依照需要添加植物，注意植物在画面中因位置的不同而会有色彩、明暗、虚实方面的变化。最后微调画面，完成场景制作，如图 6-39 所示。

图6-39

6.3.3 小节总结

通过对《崂山传奇》的场景绘制，了解 Photoshop 中曲线调整、渐变填充等工具的运用，重点在于绘制草地时对剪影手法和渐变填充工具的使用。画面中具体物体的描绘，如石头、茅草的细节刻画，以及透过树林产生梦幻般的光感效果表现是本小节的难点。

6.3.4 思考练习

通过对本实例的学习，绘制一幅卡通风格的风景画。

6.3.5 技能拓展

渐变工具可以创建多种颜色间的逐渐混合。用户可以从预设渐变填充中选取或创建自己的渐变。使用渐变工具的方法如下。

（1）如果要填充图像的一部分，请选择要填充的区域。否则，渐变填充将应用于整个现用图层。

（2）选择渐变工具，然后在选项栏中选取渐变样式。

（3）在选项栏中选择一种渐变类型，包括“线性渐变”“径向渐变”“角度渐变”“对称渐变”“菱形渐变”。

（4）将指针定位在图像中要设置为渐变起点的位置，然后拖曳鼠标以定义终点。

第7章

人物系列实例详解

本章主要讲述了运用Photoshop和Painter软件进行CG人物肖像的绘制。通过新建图层、画笔选择、添加滤镜等一系列绘图工具的运用，来刻画人物本身特定的外形特征和内在神韵，以获得形神兼备的效果。

教学目标

- 了解Photoshop和Painter中绘图工具的运用
- 控制好笔刷流量及透明度
- 把握光影对人物肖像的影响
- 熟练掌握图层的运用

7.1 人物应用实例——可爱儿童

7.1.1 创作思路

儿童是天真无邪的代名词，他们可爱、自然、真实。绘制儿童肖像绘画时，孩子的脸部结构既要表现得当，又要柔和处理，要想表现出画面轻松的感觉和拿捏恰到好处并不容易。这一小节我们要绘制一个女童的肖像，绘制大致可分为以下 4 个步骤。

（1）构图设计并起稿。根据常见的几种构图形式，设计主体在画纸上的布局，并对主体进行概括绘制。将人物的造型、位置、角度等方面所呈现的大感觉在这个阶段交代清楚。

（2）分图层上色阶段。这个阶段我们总体概况成两个方面：一是分图层进行上色，不同主体位于不同图层，方便最后进行调整；二是把握大关系，明暗、冷暖和画面的整体色调都要在上色阶段进行调整。

（3）前景、背景绘制。绘制前景、背景，决定画面整体色调。背景和前景会起到突出主体、渲染画面气氛的作用，所以在绘制中需注意光感的把握。

（4）深入刻画、调整阶段。对于细节，我们应多思考、有耐心，只有一点点深入才能让画面细节更经得起推敲，同时还要注意质感的表现，为画面增彩。

7.1.2 步骤详解

1. 新建文档

打开 Photoshop，新建一个文档并命名为“可爱儿童”，预设为国际标准纸张，宽度为 210 毫米，高度为 297 毫米，分辨率为 300 像素，颜色模式为 RGB 颜色，如图 7-1 所示。

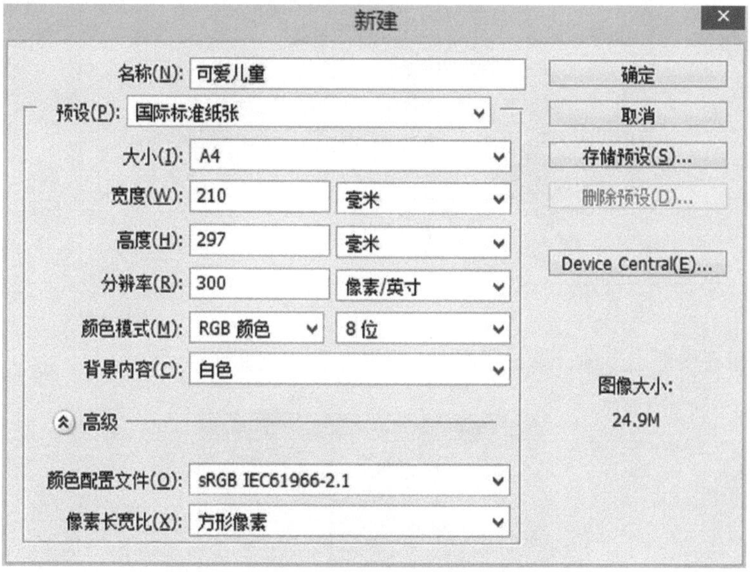

图7-1

2. 翻转图层

在工具栏“图像”中选择“图像旋转”中的“90 度（顺时针）”项，让画布变为横向，便于我们进行绘画，如图 7-2 所示。

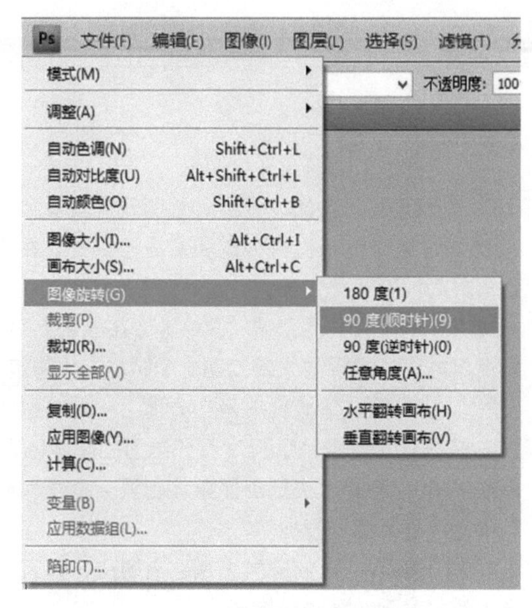

图7-2

3. 新建图层

使用 Shift+Ctrl+N 组合键新建一个图层作为起稿层，颜色选择“无”，模式“正常”，不透明度选择 100%，如图 7-3 所示。

【新建图层快捷键】:Shift+Ctrl+N。

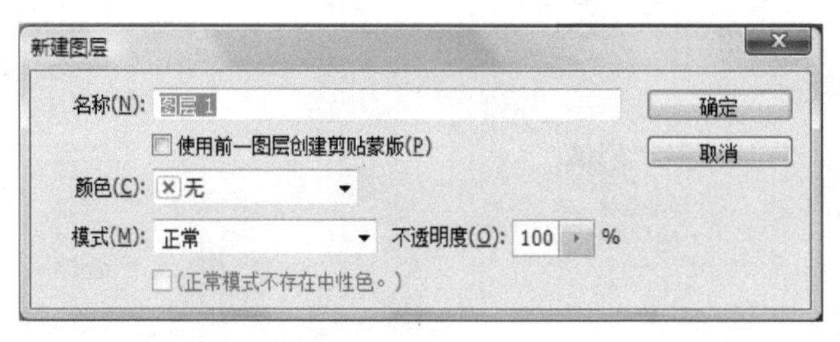

图7-3

4. 选择图层

建好的图层置在视图右下角，单击图层 1，开始起稿，如图 7-4 所示。

图7-4

5. 选择画笔

在左上画笔工具栏中点开下拉菜单，选择第 27 号画笔，硬度为 0%（画笔的选择可以根据自己的喜好进行挑选），如图 7-5 所示。

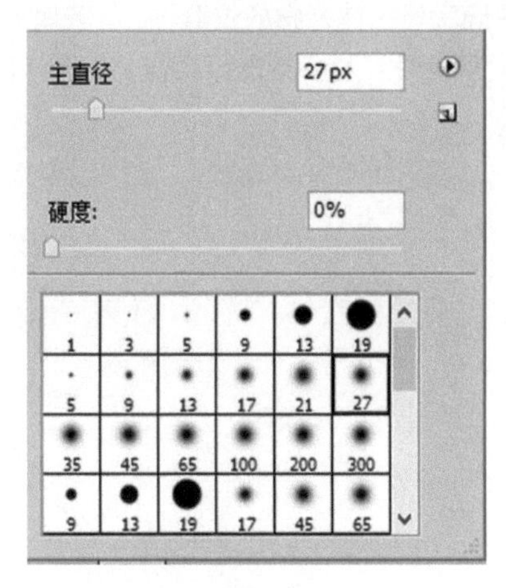

图7-5

6. 绘制辅助线

选择“视图”中的“标尺”工具，用标尺辅助线将画布进行“井”字分割，有助于我们在起稿过程中把握整体构图，如图 7-6 所示。平移辅助线，将画布上下各等分成三份，如图 7-7 所示。

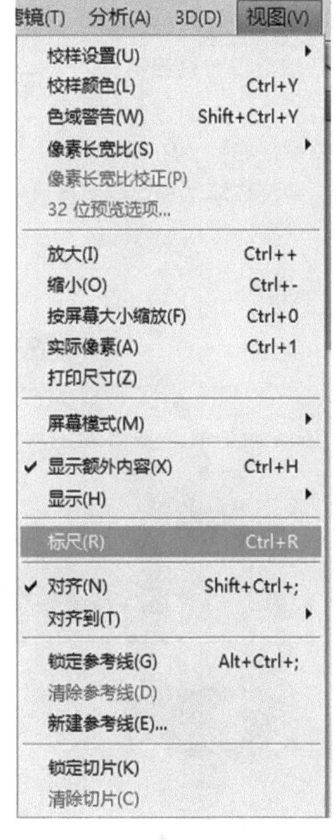

图7-6

图7-7

7. 绘制草图

（1）隐藏标尺。确定好位置后，我们需要将标尺暂时隐藏，以免影响我们进行草图绘制。单击“标尺”命令，如图 7-6 所示，去掉其前面对号，使之呈现无选择状态，标尺即被隐藏。

（2）根据需要，我们在画面中确定好主体人物的位置，以及玻璃上投影的形象位置，画出大概轮廓。草图可以随意一些，只要根据我们事先想好的感觉进行就行，如图 7-8 所示。

图7-8

8. 分层绘制

因为我们需要绘制女童和她在玻璃上的投影，所以两部分各在一个图层上会比较清晰，且互不影响。在这里要说明一下，如果画的两部分要完全对称，我们可以用到 Photoshop 里的一个工具——“镜像工具”（见技能拓展具体讲解）。而我们现在要绘制的人物并不完全对称，所以最好分别绘制。

（1）新建图层“投影”“起稿”，然后分别绘制草图，如图 7-9 所示。

（2）我们先隐藏投影层，在“起稿”层中绘制女童，并找出大关系，如图 7-10 所示。

（3）根据“起稿”中草图的位置与形象感觉，选择“投影”层，绘制玻璃上投影的草图，如图 7-11 所示。

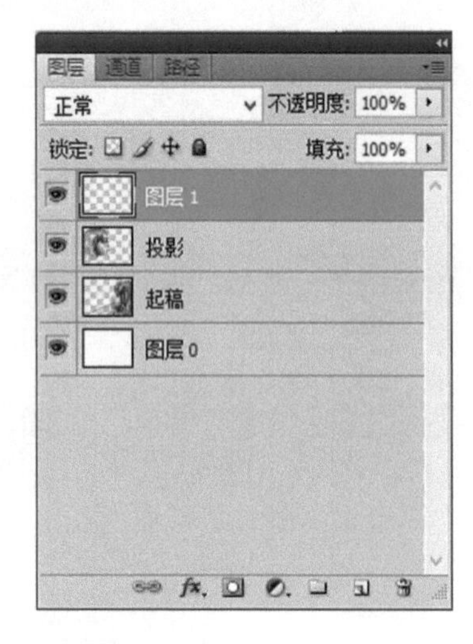

图7-9

图7-10

图7-11

9. 单色表现大关系

（1）为了方便上色，我们必须在草图阶段就找出所画肖像的整体大关系，并用单色调子表现出来，呈现出黑、白、灰的素描关系，如图 7-12 所示。

（2）为方便上色和整体调整，我们还是分图层进行绘制，如图 7-13 所示。

图7-12

图7-13

10. 分层上色

（1）为方便后期调整，在上色阶段我们也要分好图层。分别新建“图层 1”作为女孩上色图层，新建“图层 2”作为投影层上色图层，如图 7-14 所示。

（2）选择画笔颜色，开始铺大色调，如图 7-15 所示。

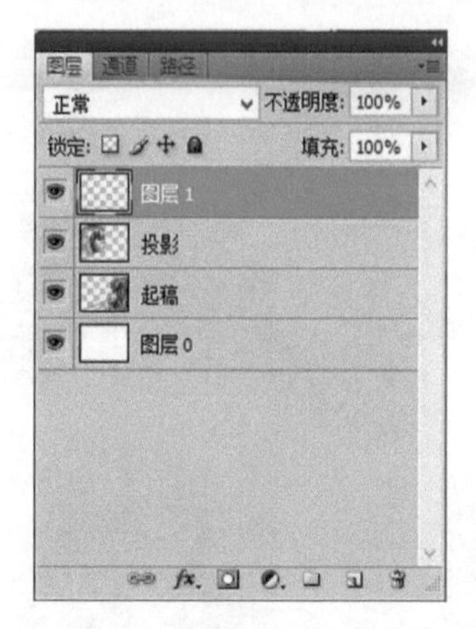

图7-14

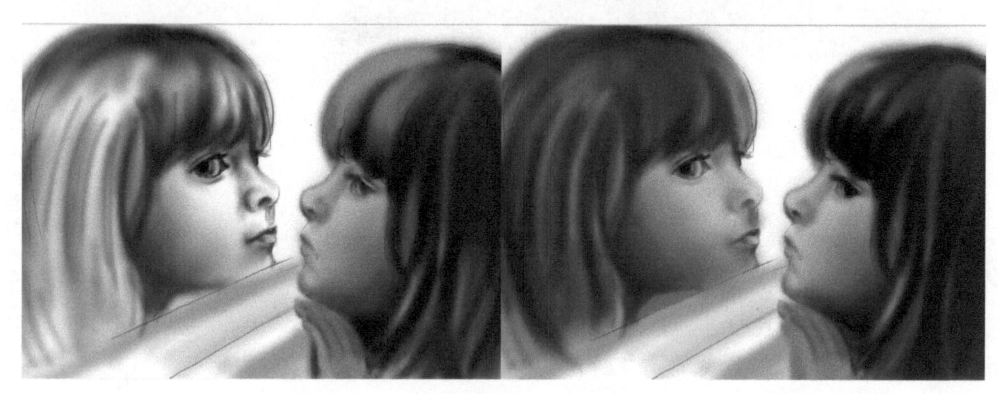

图7-15

11. 新建并绘制前景图层

给草图上色。为方便以后画面的修改和调整，需画一个窗台，建一个新的图层作为前景图层，防止与人物图层相混，以便在以后的修改与调整过程中不会涉及其他已经画好的部位，如图 7-16 所示。

图7-16

12. 分层进行刻画重点部位

当我们的画面整体色调完成后，就要对重点部位进行深入，以取得进一步深入的画面效果，如人物的五官、神情、光影都是我们需要重点刻画的。

（1）首先我们为方便进一步刻画，分别分层“五官 1”“五官 2”，以对女孩和投影进行进一步刻画，如图 7-17 所示。

图7-17

（2）选择“五官 1”，从某一点开始重点深入。这里我们从眼睛入手，在进行深入画面时，要注意眼睛的透视与其他五官之间的虚实及明暗面色彩的变化。同时，在进行局部深入时也要照顾整体大关系，如图 7-18 所示。

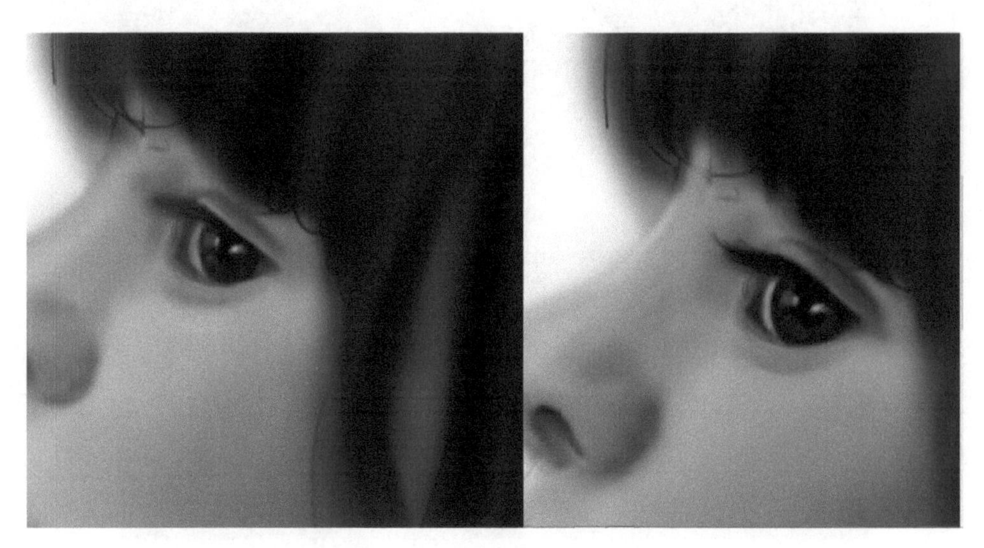

图7-18

13. 对大关系和整体色调的调整

接下来我们需要将绘制的重点慢慢转移到大色调的调整，而实体女孩的大感觉决定了玻璃上投影的色调，如图 7-19 所示。

图7-19

根据女孩的色彩关系绘制投影。在绘制玻璃投影中的小女孩时，我们可以从刚刚画好的实景女孩的色彩中借取颜色。这里就要用到吸管工具（选择吸管工具选取颜色，或按 Alt 键选取颜色），画出投影的色彩大感觉，如图 7-20 所示。

图7-20

14. 合并图层

接下来我们需要合并女孩主体层和投影层。关闭图层窗口中所有与女孩主体层无关图层的可视性，单击鼠标左键选择“合并可见图层”，如图 7-21 所示。用同样方法合并投影层，如图 7-22 所示。

图7-21

图7-22

15. 新建、绘制背景层

（1）我们需要再建一个背景层，通过背景的光感和色彩感对主体以及投影产生光的影响。使用Shift+Ctrl+N组合键新建一个图层，将图层拖至刚刚绘制所有图层的底部，使其不遮挡主体物，如图7-23所示。

【新建图层快捷键】: Shift+Ctrl+N。

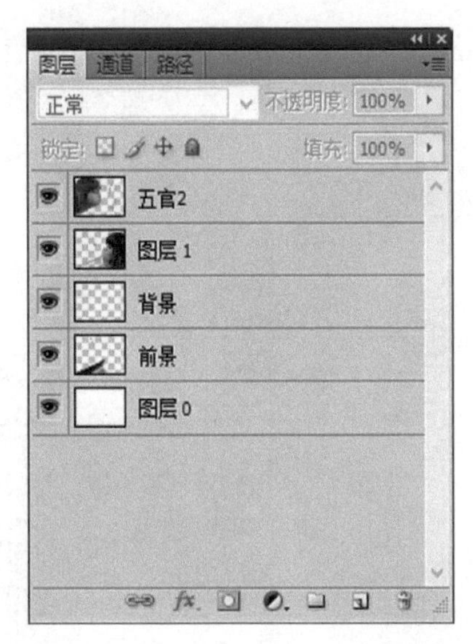

图7-23

（2）给新建背景层上色，选择蓝绿色系，铺好大色调以便于进一步刻画，如图7-24所示。

图7-24

16. 分图层刻画细节

现阶段大概的构图、色彩、造型已经表现出来，缺少的只是对细节的刻画和整体光影的调整。我们先选择主体女孩的图层进行刻画，刻画时应注意皮肤光感和头发质感的表现，如图 7-25 所示。

图7-25

17. 投影层细节调整

选择投影层，根据对主体女孩层的细节刻画深入投影层刻画（投影层总体来说不需要完全达到主体层的虚实程度），如图 7-26 所示。

图7-26

18. 新建光影图层

为调整整体光影并方便修改，我们需在图层最上层新建光晕层，如图 7-27 所示。

图7-27

19. 绘制光晕，调节透明度

（1）在色板上选取合适的颜色，这里我们尝试选择偏暖的绿色，然后选择边缘羽化的大直径画笔进行绘制，如图 7-28 所示。

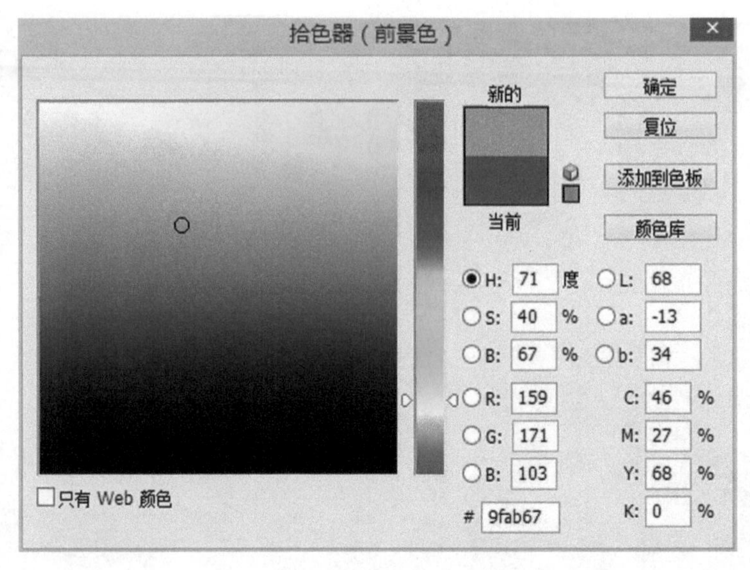

图7-28

（2）在图层面板中选择光晕图层，调节透明度为 50%，如图 7-29 所示。

图7-29

20. 细节深入刻画，检查调整

（1）对细节部分进行深入刻画。这一阶段主要是画出画面中最精彩的部分，通过添加高光等方式使画面达到一个精细、真实、出彩的效果。

（2）在进行深入刻画时，要注意细节部分色彩的微妙变化，使画面的冷暖关系丰富协调，最后检查整体效果，如图 7-30 所示。

图7-30

7.1.3 小节总结

本小节通过对女童的绘制，让大家了解到 Photoshop 中分层、笔刷、图章、标尺等工具的运用。分图层进行绘制和调整是本小节的重点，在以后的练习中也是 CG 手绘常用的方法之一。在整体色调表现上，女童和投影的虚实感觉表现是本小节的难点。

7.1.4 思考练习

通过对女童肖像绘画的学习，绘制并设计其他风格的儿童肖像。

7.1.5 技能拓展

垂直翻转和水平翻转工具（镜像）的应用

我们常说的镜像工具，在 Photoshop 中可以通过垂直翻转和水平翻转来实现，主要用于想要得到画面主物体对称的视觉效果。具体操作为：单击编辑—变换—水平翻转（或者“垂直翻转”）。

【复制图层快捷键】：Ctrl+j，【自由变换快捷键】：Ctrl+t。

7.2 人物应用实例——少女漫像

7.2.1 创作思路

漫像是在写实肖像画的基础上加以变形和特点放大，使其特征更加突出。在这里我们选择的对象是少女，少女的特点比较显著，如面部结构不明显、皮肤质感比较光滑等。我们首先需要在脑海中绘制我们即将要着笔的人物形象以及风格方向。在人物形象设计上，要想角色更甜美，就需要在五官比例上下点工夫；在风格上，要想让这幅画看起来柔和且明艳，就需要调整布光和色调设置。

CG 漫像的绘制大致有以下步骤。

（1）绘制背景。绘制背景决定画面整体色调。在肖像练习中，为突出所画主体，背景最好不要特别复杂。在这里我们要突出少女角色的活泼与明朗，不妨试试比较艳丽的背景色彩组合。

（2）起稿阶段。在起稿阶段中，对主体造型的基本设计是这个阶段的绘制关键。这里说的造型，不单单是指人物的五官造型、结构设计，更包括光源的方向、光源的冷暖等。

（3）上色阶段。有了草图，我们就可以上色了。在这个阶段我们总体概况成两个方面：一是整体大关系把握，也就是整个画面的色调组合；二是细节把握，比如说光源对皮肤的影响、头发和皮肤材质上的区别等。

（4）深入刻画、调整阶段。“行百里者半九十”，这个阶段是很多初学者最头疼的阶段，经常是作画时形象、风格都表现出来了，但就是深入不下去。对于细节，我们应多比较、多思考，如在五官的刻画中，受光源影响的两只眼睛是会有细微差别的，离光源近的自然高光会比另一只眼睛亮。初学者只有带着思考和分析一点点深入，才能让画面细节更经得起推敲。

当然，步骤不是固定的，根据各人的绘画习惯，其方法、方式也会因人而异。下面就让我们开始作画吧。

7.2.2 步骤详解

1. 新建文档

打开 Photoshop，新建一个文档并命名为“少女漫像”，宽度为 21 厘米，高度为 29 厘米，分辨率为 300 像素，如图 7-31 所示。

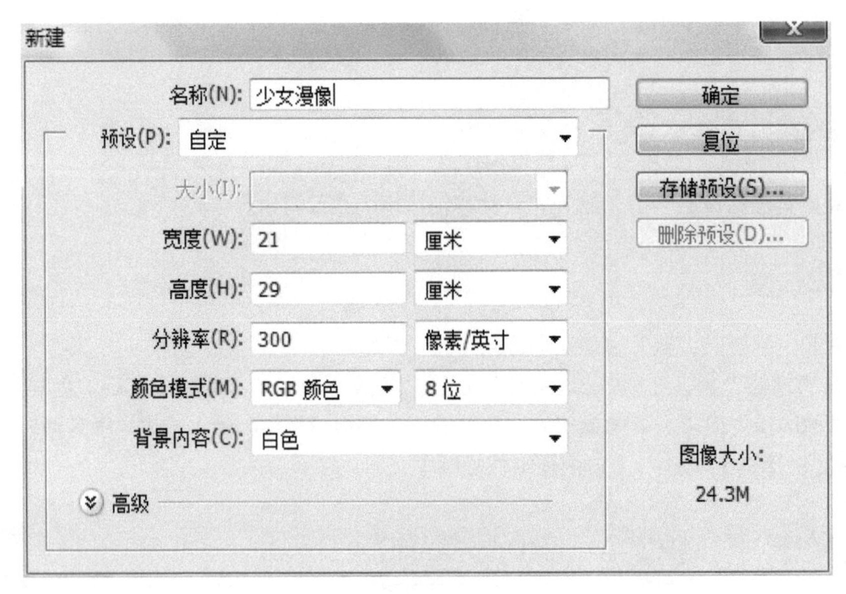

图7-31

2. 新建图层

使用 Shift+Ctrl+N 组合键新建一个图层作为背景层，颜色选择“无”，模式“正常”，不透明度选择100%，如图 7-32 所示。

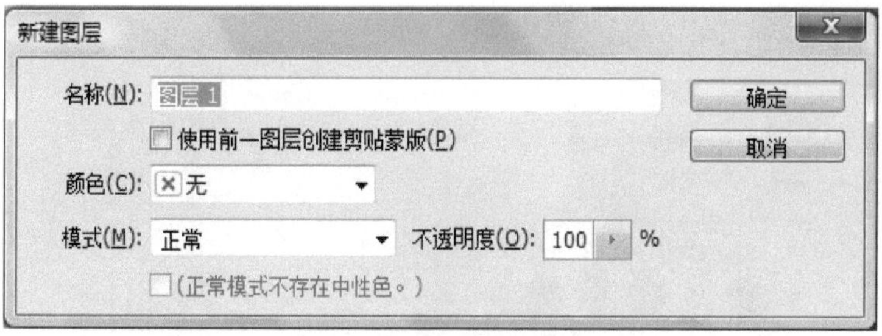

图7-32

3. 选择图层

建好的图层置在视图右下角，单击图层 1，开始绘制背景，如图 7-33 所示。

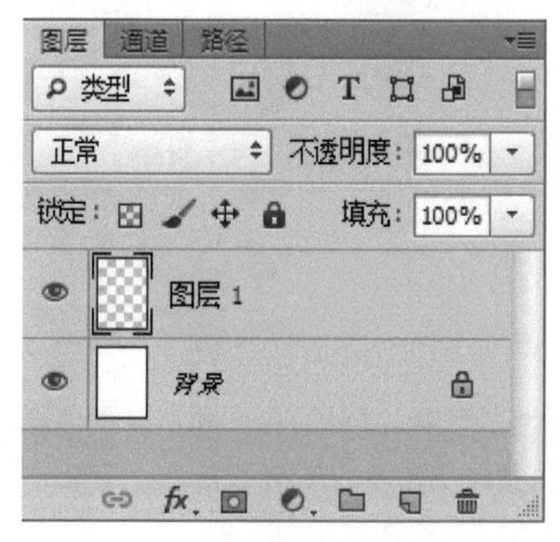

图7-33

4. 选择画笔

在工具栏右角选择“喷枪柔边圆 50% 流量”项，如图 7-34 所示。

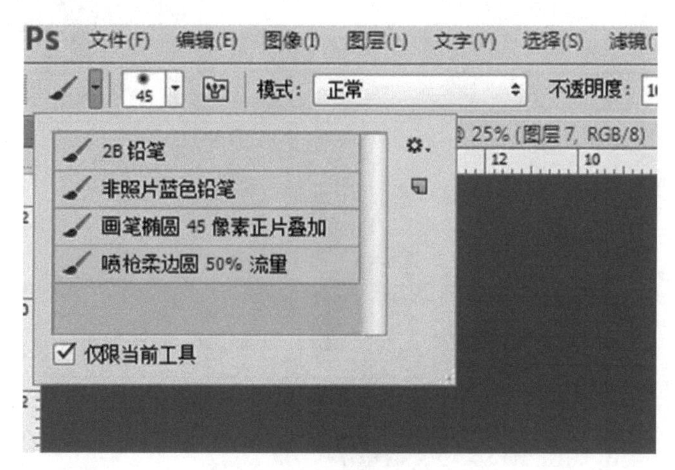

图7-34

5. 选择笔刷

在左侧工具栏中选择“画笔工具”中第 25 号笔刷，其他设置不变，画笔的设置如图 7-35 所示。

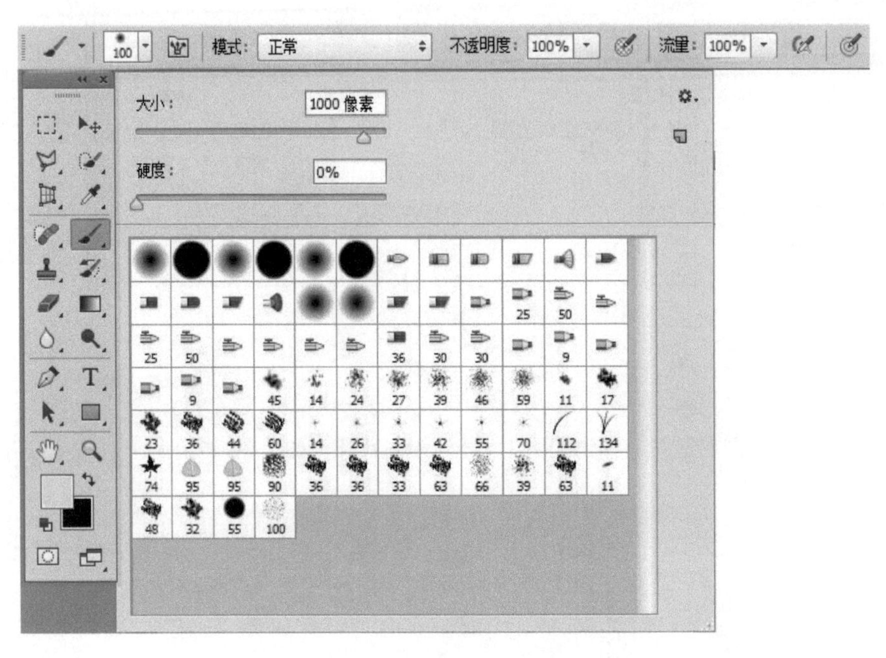

图7-35

6. 绘制背景

根据需要，单击前景色设置画笔的色彩，并给图层 1 添加背景色彩。注意在上色时两边的冷暖关系，假设主光是暖光从右边打过来，则背景在光源的影响下右边会偏暖一些，如图 7-36 所示。

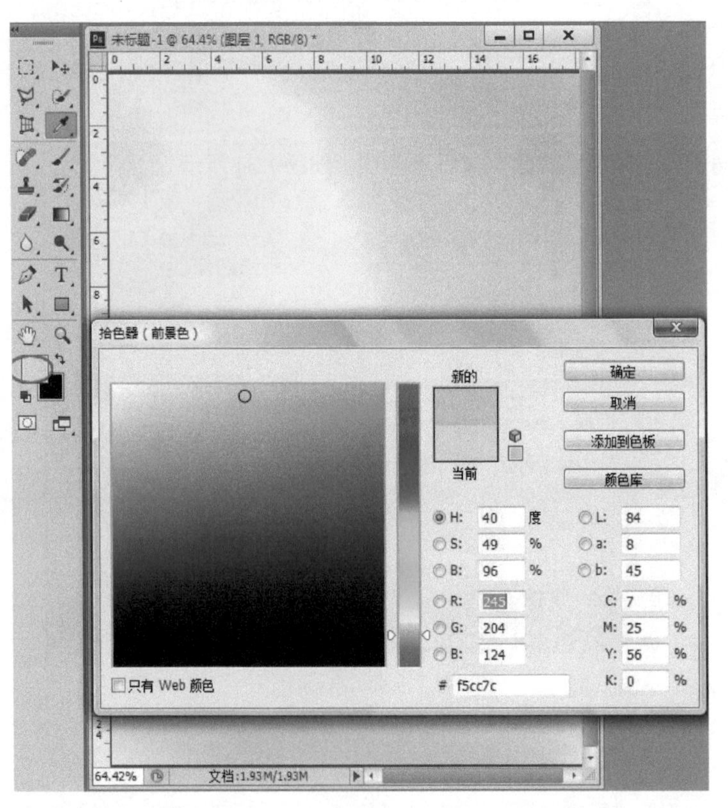

图7-36

7. 给背景加滤镜

我们需要一个虚幻模糊的背景，这样就要给背景加一个模糊滤镜，这里我们选择“高斯模糊”命令，并选择其半径为60像素，设置如图7-37所示。

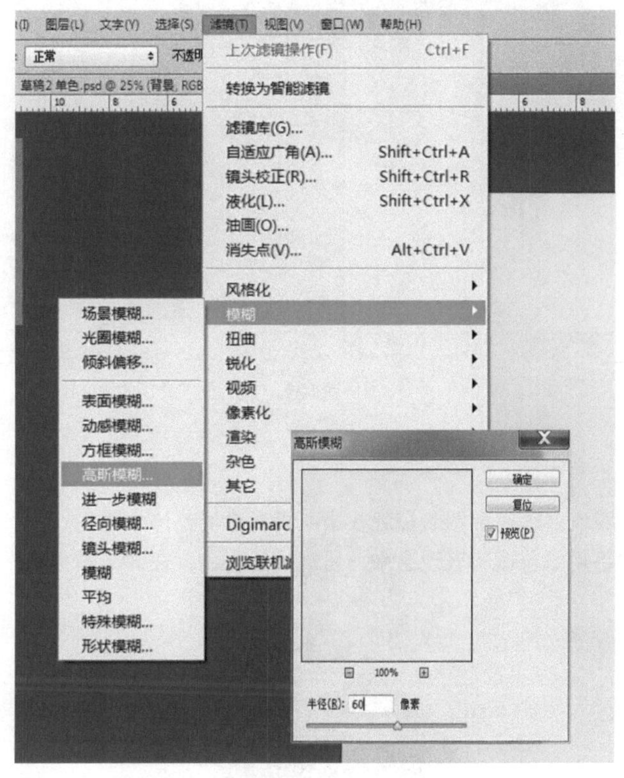

图7-37

8. 绘制草图

（1）接下来是画少女的草图，草图可以随意一些，可根据我们事先想好的感觉进行绘画。

（2）使用Shift+Ctrl+N组合键新建立一个图层或是单击图层栏，然后选择画笔工具。根据自己的喜好设置画笔的样式、粗细，在这里我们还是选择使用25号画笔。

（3）为避免背景的色彩干扰视线，单击背景图层前的眼睛标识，隐藏该图层，如图7-38所示。

【新建图层快捷键】：Shift+Ctrl+N。

图7-38

（4）结合五官比例及人体结构常识并快速准确地画出少女的感觉草图，草图出来后感觉不对的地方要及时进行修改，如图7-39所示。

图7-39

9. 单色表现大关系

（1）为方便上色，我们必须在草图阶段就找出所画肖像的整体大关系。

（2）肖像整体大关系用单色调子表现出来，呈现出黑、白、灰的素描关系，如图 7-40 所示。

图7-40

10. 新建图层，给草图铺大色调

（1）给草图上色。为方便以后画面的修改和调整，这里我们依然要建立一个新的图层作为上色图层，以防止与草稿图层相混。（这是电脑绘画的优势所在，根据需要我们可以建立多个图层，尤其是重要部位，这样在以后的修改与调整中就不会涉及其他已经画好的部位）

（2）选择好画笔及颜色后，根据自己的整体感觉，快速给肖像上色，重点部位（如眼睛等部位）可重点强调。在上色过程中，由于各个部位的色彩是不一样的，这个时候要根据画面的需要时刻变换画笔的颜色，如图 7-41 所示。

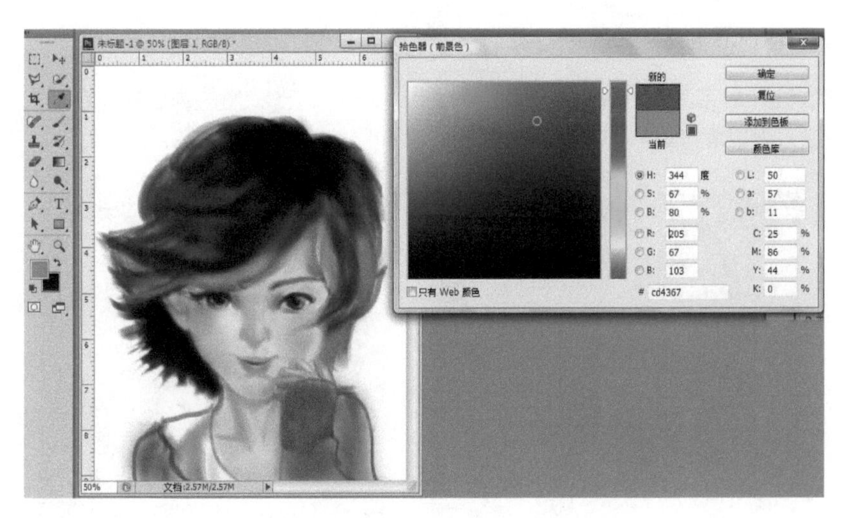

图7-41

11. 分层进行上色

（1）铺整体色调。

（2）为了后面的工作能顺利进展，且便于刻画，我们在这个时候分别给头发、五官及袖子建立新的图层，并对图层进行命名。对于什么样的情况才可以在画面中建立新的图层，没有一个标准。通常情况下，对初学者，如果画面中属于重点刻画部位，或者进行画面调整时属于独立的个体，都可以单独在一个新层上绘画；而如果你的绘画能力已经很高，则没有限制，如有些电脑手绘高手有时就在一个图层上直接完成制作。这里我们在进行实例分解时本着便于初学者掌握的原则进行讲解，如图 7-42 所示。

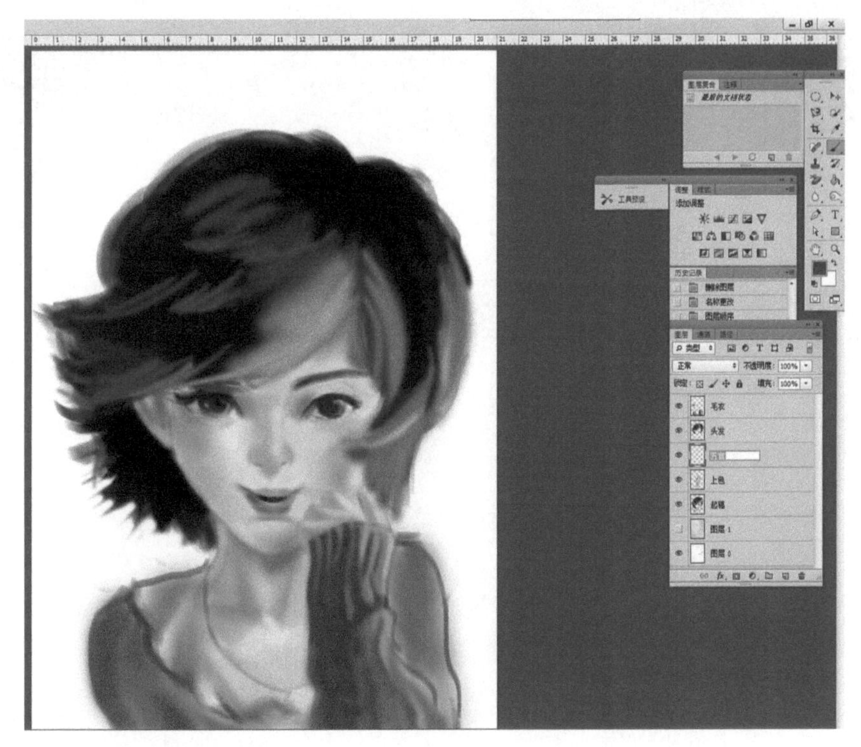

图7-42

12. 刻画重点部位

（1）分部位进行重点深入阶段。这一步与传统绘画一样，当我们的画面整体色调完成后，就要对重点部位进行深入，以取得进一步深入的画面效果，如图 7-43 和图 7-44 所示。

图7-43

图7-44

（2）重点深入时，可先选择你最感兴趣的部分入手，这样可以增加自己的信心。例如，这幅画我们重点从五官进行深入，这也是画面中的重点部分。在进行深入画面时，要注意五官的透视、虚实及明暗面色彩的变化，及时进行调整。如果此阶段在这些方面遗留有问题，将会给以后的工作带来很大麻烦，如图 7-45 所示。

图7-45

13. 对五官和头发的具体刻画

（1）对五官进行深入后，接下来深入头发、服装和手。方法与画五官一样，深入阶段主要依靠创作者的美术功底和艺术处理手法。

（2）根据画面中各部分的前后关系可以对图层进行上下调整。例如，我们发现头发一部分在脸的前面，一部分在脸的后面，这样我们就可以在脸的图层下面再建立一个头发图层，将脸前面的头发图层按住鼠标左键拖到所有图层的最上方，如图 7-46 所示。

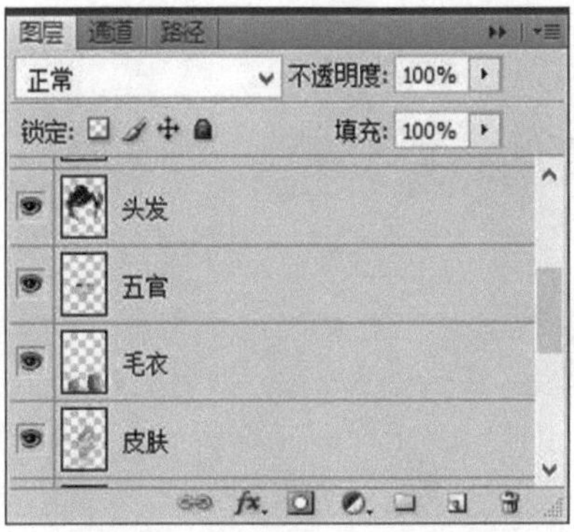

图层 通道 路径
正常 不透明度: 100%
锁定: 填充: 100%
头发
五官
毛衣
皮肤

图7-46

（3）在绘制头发时，将头发概括为几个层次，上色时注意色调的统一和变化，如图 7-47 所示。

图7-47

14. 绘制袖子肌理

利用仿制图章完善服装。袖子部分我们已经深入得差不多了，由于整个毛衣的纹理基本一样，这样我们就可以利用仿制图章来完成毛衣其他部分的纹理描绘。这也是电脑绘画的魅力所在，如图 7-48 所示。

图7-48

15. 用仿制图章工具复制袖子纹理

（1）完成图章取样并复制袖子的纹理。选取图章工具按图 7-48 设定后，按 Alt 键在袖子上进行取样。
（2）然后新建立一个图层，并在肩膀上单击鼠标左键，将袖子上的纹理复制过来，如图 7-49 所示。

图7-49

16. 调整仿制在肩膀处的袖子纹理

调整复制纹理的大小，使用 Ctrl+T 组合键对复制的图形进行拉伸调整，使之适合肩膀的形状，如图 7-50 所示。

图7-50

17. 使用羽化橡皮工具调整

选择“橡皮擦工具”中的一号边缘羽化的笔刷，擦除多余的部分，使之融合于肩膀的形状，如图 7-51 所示。

图7-51

18. 调整图层透明度

调整图层的透明度为50%，使利用图章工具复制的部分看起来更自然，如图7-52所示。

图7-52

19. 细节深入刻画

（1）对细部进行深入刻画。这一阶段主要是画出画面中最精彩的部分，通过添加高光等对细节的深入使画面达到一个精细、真实、出彩的效果。

（2）在进行深入刻画时，要注意细节部分色彩的细微变化，使画面的冷暖关系丰富协调，如图7-53所示。

图7-53

20. 检查调整

至此，本幅画已经基本完成。这个时候要对整个画面进行检查，从大关系到局部细节，看有没有处理不当的地方，以便调整修改，以达到自己的理想效果，如图 7-54 所示。

图7-54

7.2.3 小节总结

本小节通过对少女漫像的绘制，让大家了解 Photoshop 中分层、笔刷、图章、高斯模糊等工具的运用，重点在于头发的绘制和绘制袖子时图章工具的使用。在细节刻画上，眼睛的刻画、如何表现光线对头发和皮肤质感的影响都是本小节的难点。

7.2.4 思考练习

通过对少女漫像的学习，绘制男青年漫像。

7.2.5 技能拓展

仿制图章工具还有哪些应用?

（1）仿制图章可以作为美化图片背景的工具，在背景影响画面效果的情况下，可选择仿制图章工具修整图片。首先按 Alt 键选取其他位置，接着松开 Alt 键在需遮盖处涂抹，这时刚刚选取的位置图像就会仿制到指定位置。

（2）仿制图章是修整人像照片的利器。如果在人像照片中有不美观的痣或痘痘，就可以用相同方法使皮肤变光滑。

（3）添加或是去除水印。我们在平时经常会看到一些照片或是图片上有一个或是多个水印，运用仿制图章工具就会省力很多。

7.3 人物应用实例——帅气型男

7.3.1 创作思路

本实例的形象来源于好莱坞动作片中的一幅剧照。该例主要练习环境色与形体的关系，在强烈的冷暖光源下如何处理画面的整体色调和把握画面整体氛围的能力。在绘图过程中选择合适的画笔是 Painter 运用的关键。在绘图过程中，首先用“仿真 2B 铅笔”起草，注意人物大的姿态（也就是人物的动作表情），这直接关系到画面的感觉。另外，线条要钢筋有力，体现男性的阳刚气质。

基本绘图的过程大致有以下几个步骤。

（1）上色阶段。先整体再局部，这幅画的气氛很重要，不需要过多考虑人物的细节，如五官等地方。

（2）深入刻画。从最感兴趣的地方开始，由小到大，再由大到小，力争准确的同时还不能局部孤立，以至于影响大局。

（3）美化重点。找出画面的亮点，在不影响整体的情况下进行深入细致的刻画。这一步可将画笔直径调小，更利于表现细节。

7.3.2 步骤详解

1. 建立文档

打开 Painter 软件，新建一个 900×600 像素的文档，分辨率为 300 像素，命名为“帅气型男”，其他设置为默认，如图 7-55 所示。

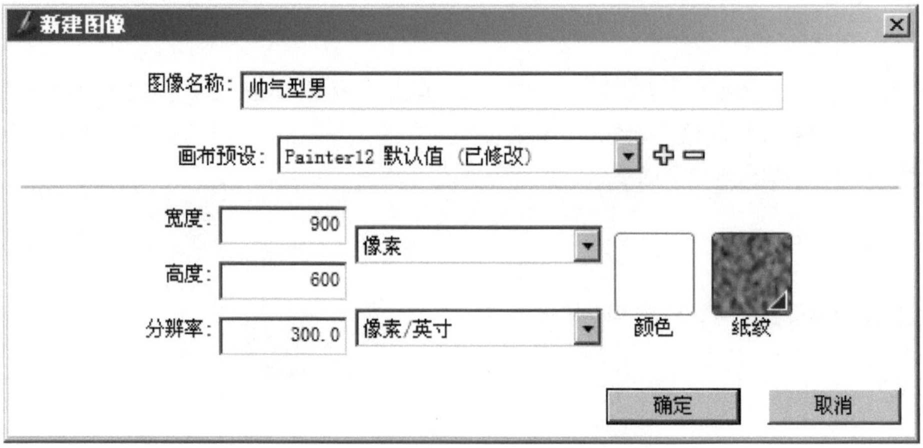

图7-55

2. 选择画笔

新建一个图层并命名为“草稿”，选择“铅笔”中的“仿真 2B 铅笔”，把色板调成黑色，画笔直径设置合适大小，如图 7-56 所示。

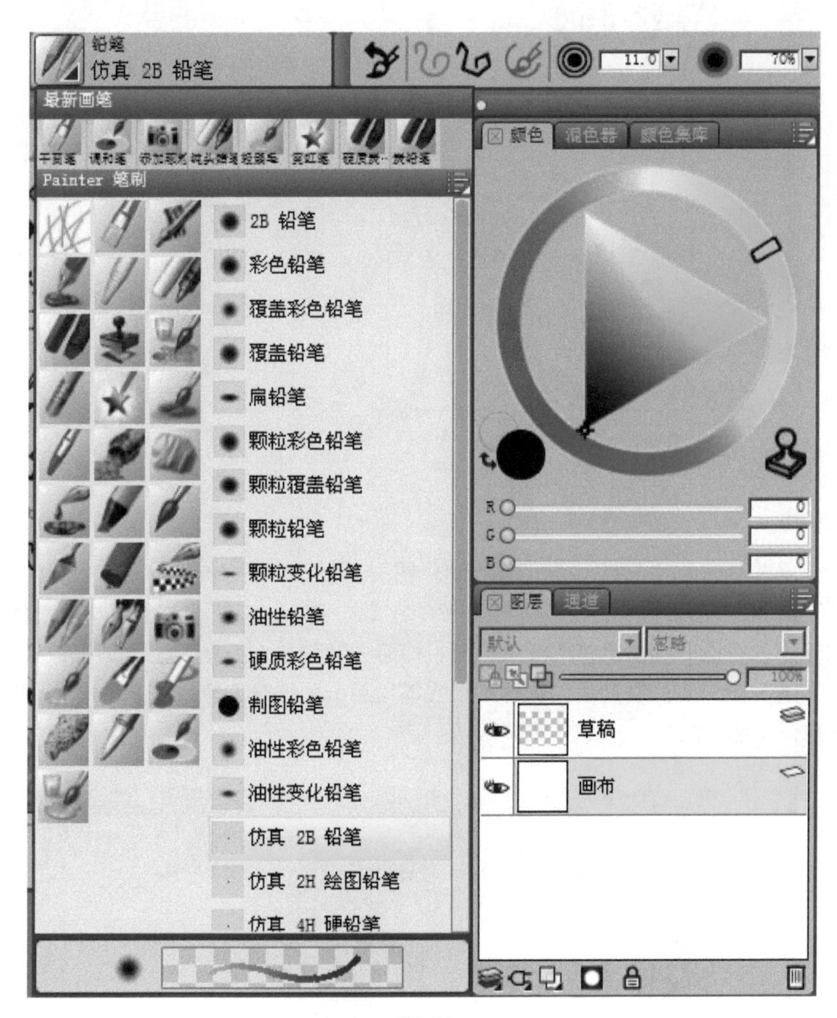

图7-56

3. 绘画草稿

用“铅笔”中的“仿真 2B 铅笔”，在草稿层上画出人物的大体形态，注意人物的比例关系，如成人的人物比例关系为：人体立姿为七个头高（立七），坐姿为五个头高（坐五），蹲姿为三个半头高（蹲三半）；立姿手臂下垂时，指尖位置在大腿二分一处，面部比例简单来讲就是——三庭五眼，这是一种相对恒定的比例关系。三庭指脸的长度比例，把脸的长度分为三个等份，从前额发际线至眉线，从眉线至鼻底线，从鼻底线至下额线，各占脸长的 1/3。五眼指脸的宽度比例，以眼形长度为单位，把脸的宽度分成五个等份，从左侧发际至右侧发际为五只眼形。两只眼睛之间有一只眼睛的间距，两眼外侧至侧发际各为一只眼睛的间距，各占比例的 1/5。我们在进行人物绘画时为突出画面的效果，有时会对人物的比例进行夸张，但注意也要有度，如图 7-57 所示。

图7-57

4. 绘制人物

新建一个图层并命名为“人物”，我们将在这个图层上对人物进行描绘，笔者选择的画笔是“丙烯画笔”中的“干画笔”。在绘制人物时，笔者没有对细节进行标注。这样第一遍颜色会整体一些，这也是避免初学绘画者在绘画时容易出错的一个方法，即避免初学者一开始只注重细节，从而导致画面整体效果差，无法进一步深入。虽然我们这时不用去描绘细节，但是大家在有了一个整体感的同时，下笔时还是要考虑以下细节的存在，如图 7-58 所示。

图7-58

5. 描绘背景

新建一个图层并命名为“背景”，选择“喷笔”中的“数码喷笔”，在背景层上绘制一个兰紫色调的梦幻背景，喷笔的直径尽量大一些，如图 7-59 所示。

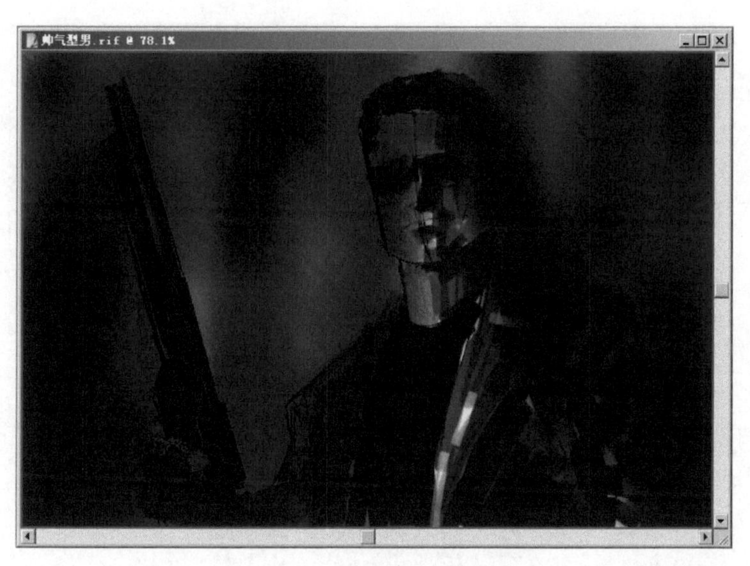

图7-59

6. 描绘细节

到现在为止，这幅画的整体色调基本完成。接下来对人物进行细化处理，我们从头部开始。选择放大镜工具，直接框选头部，使整个头部放大到工作视图内，这样便于细节描绘。选择“丙烯画笔”中的“干画笔”，然后根据结构、转折、明暗和色彩的冷暖调整颜色进行描绘，如图 7-60 所示。

图7-60

7. 描绘全身

用同样的方法完成全部人物，这一步在画的时候一定要注意整体的色调和冷暖关系，既要考虑细节，也不能丢掉画面的整体感，如图 7-61 所示。

图7-61

8. 深入刻画

本阶段主要是找出形体转折的大体细节，表现的依然是形体的体积和色彩的冷暖。这个时候可以停下来检查一下整体画面，看看大的东西是否与自己的想象有出入，如果有不符合的地方，要改过来。然后是深入刻画细节，深入时一定要看清形体转折的具体位置，即画准确。从你最感兴趣的地方入手力求一次画准确。例如，这个画面笔者从头部入手，而在头部上又从额头上的眉弓开始刻画细节，如图 7-62 所示。

图7-62

9. 选择画笔刻画细节

进行细节描绘时，可使用“丙烯画笔”中的“干画笔”和“铅笔”中的“仿真 2B 铅笔”交换使用，这样能相互取长补短。利用“丙烯画笔”中的“干画笔”可使肖像色彩变得统一、柔和。利用“铅笔”中的“仿真 2B 铅笔”可明确边沿轮廓线以体现形体，这样直至完成作品。为了表现男人的阳刚和个性，这幅画可保留笔触，舍弃细节，如图 7-63 所示。

图7-63

7.3.3 小结总结

实例中主要表现男人阳刚气质的一面。在表现这种画面中，如何选择画笔及笔法的运用是一个重点，不同的笔法表现不同的质感，不同的质感能反应不同的内在精神。另外，还要注意在表现人物时要注意人体结构的基本比例。

7.3.4 思考练习

人体的比例关系都有哪些？尝试用图表现出来。

7.3.5 技能拓展

一般而言，七到八头高是人体的正常比例。经常看到很多同学在作画的时候或者是在画速写的时候，都会拿铅笔对准目标对象来看每一部分大概到哪个位置，其实那都是对人体不是很了解的表现。那么，如何正确地认识到每一部分是到哪个位置的呢？

下面向大家分享一个简单的确定位置的方法：首先我们确定人体的头顶和脚底的位置。然后将其对折，便是耻骨的位置。耻骨和头顶的二分之一，便是男性乳头的位置（因为女性胸部有大小之分也有下垂程度的区分，所以女性的乳头一般在其二分之一的下面一点）。而耻骨到脚底的二分之一是在膝盖的下面。

7.4 人物应用实例——耄耋老人

7.4.1 创作思路

随着时间的推移，岁月的痕迹在老人的面部刻上了深深的烙印，由于牙齿脱落、牙床凹陷、嘴唇收缩、颏部凸出，因此其头部的骨骼特征非常明显。在刻画老人肖像时，一方面要把握好皱纹、明显的骨骼特征、肌肉的松弛感等这些老年人的特征；另一方面要注意表现手法的变化，多用一些硬线、重调子来表现老人面部的沧桑感。本实例在绘制过程中，主要运用“丙烯画笔”中的“干画笔”和“铅笔”中的“仿真 2B 铅笔”。

基本绘图的过程大致有以下几个步骤。

（1）构图起草。虽然是单人肖像，但构图也是很重要的，通常是宁上勿下，宁左勿右，主要是符合人的视觉欣赏习惯。

（2）整体上色。选择大一些的画笔，画出人物的大体色彩，要注意形体的转折、体积、色彩的冷暖和画面的明暗关系，这一步不要求细致，但力求准确。

（3）检查画面。看看画面是否表现出了自己的创意感觉，如果有些偏差，这一步要改过来，如人物的肤色与笔触的关系。不要将老人的皮肤画成小姑娘的皮肤，有时为了突出人物性格特点，有必要利用笔触进行效果夸张。

（4）细节整理。这一步要对人物的细节进行描绘，如眼睛、嘴等体现人物表现的部位。检查画面，看哪些地方应该强调，哪些地方应该削弱。

7.4.2 步骤详解

1. 建立文档

打开 Painter 软件，新建一个 800×700 像素的文档，分辨率为 300 像素，命名为“耄耋老人”，其他设置为默认，如图 7-64 所示。

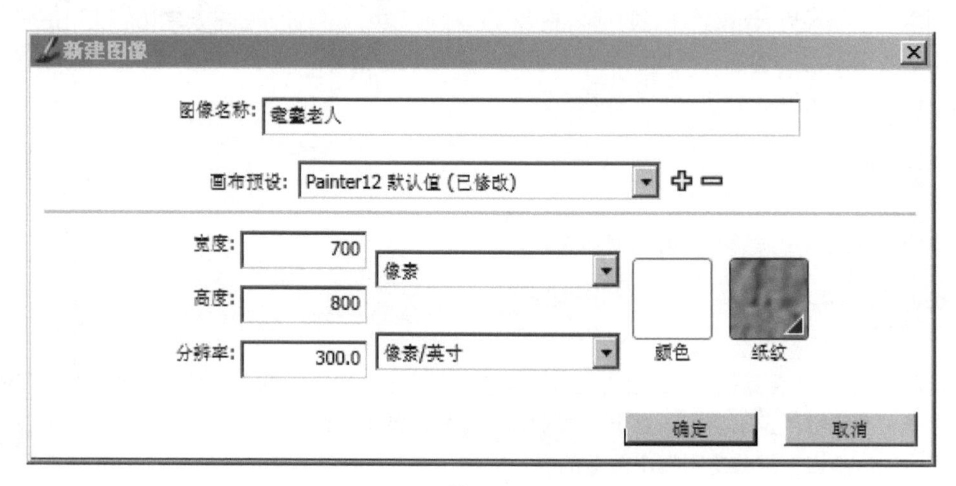

图7-64

2. 绘制草稿

新建一个图层并命名为“草稿”层，选择“铅笔”中的“仿真 2B 铅笔”进行起稿，如图 7-65 所示。

图7-65

3. 绘制背景

选择背景层，用“丙烯画笔”中的“干画笔”进行背景描绘，背景为深灰色，色彩偏冷，如图 7-66 所示。

图7-66

4. 调和背景

选择“调和画笔”中的“扩散模糊”进行背景调和，这个调和画笔调和的最终效果有一种颗粒效果，可以增加画面的沧桑感。先画背景有一个问题就是，如果背景颜色很暗会把线稿遮盖了，我们可以关闭背景图层前面的“小眼睛”图示，这样线稿就会出来了，如图 7-67 所示。

图7-67

5. 绘制人物

选择“丙烯画笔”中的“干画笔”绘制人物，把大体色彩和结构关系画出来，如图 7-68 所示。

图7-68

6. 细化处理

选择“铅笔”中的“仿真 2B 铅笔”与“调和画笔”中的“细节调和画笔”交替使用，对人物头部进行细化处理。绘制人物时，要把大体色彩和结构关系画出来，这一步建议从最吸引你的部分开始，如图 7-69 所示。

图7-69

7. 深入刻画

深入刻画阶段有两个工作要做，一个是过渡形体转折，使之圆润平滑；另一个是对局部进行深入，使之更具体。依然选择“铅笔”中的“仿真 2B 铅笔”与“调和画笔”中的“细节调和画笔”交替使用，注意眼角，鼻翼等地方的形体转折，反光及色彩的变化，如图 7-70 所示。

图7-70

8. 校正色彩

至此，人物已经基本完成。虽然老人的皮肤有些粗糙、干涩，但目前看有些过于干涩，质感上给人一种不舒服的感觉。这时，我们需要通过色彩校正做一下改变，打开菜单“效果”下面的“色调控制”中的调整选取颜色，如图 7-71 所示。

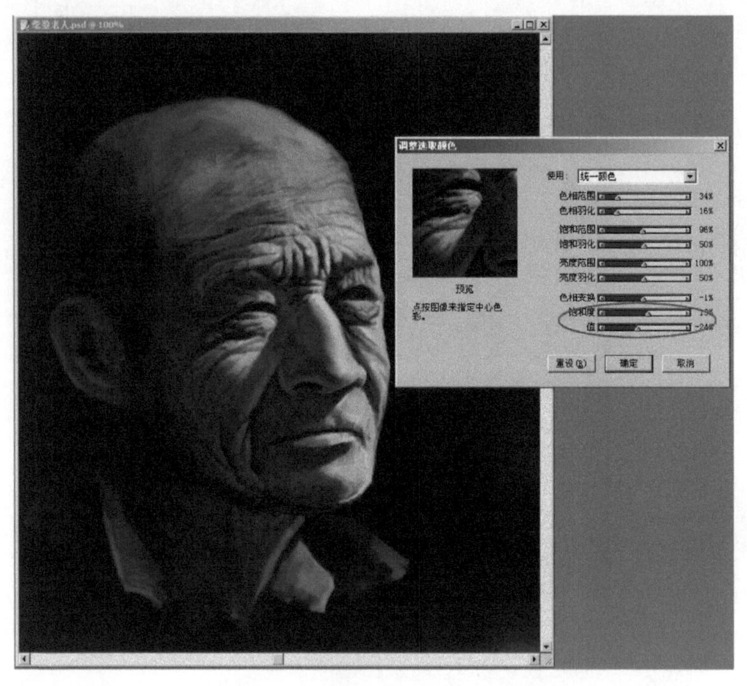

图7-71

9. 添加毛发

老人因生理原因，毛发变得稀疏灰白。在画的时候一定要注意这些细节，另外选择画笔时最好选择“铅笔”中的“仿真 2B 铅笔”，大小调整为一个像素，以便随时调整色相和明度，以适合不同部位头发的色彩，如图 7-72 所示。

图7-72

10. 完善皮肤的质感

老人的皮肤主要有高光、老年斑和其他等，细节部分主要由“铅笔”中的“仿真 2B 铅笔”完成。新建一个图层，使其置于头像图层的下方，选择画笔中的“厚涂”中的“颗粒厚涂”，在人物的脸部点轻轻涂抹，如图 7-73 所示。

图7-73

11. 刻画皱纹

选择“铅笔”中的“仿真 2B 铅笔”，设置直径为 1，仔细地画出头部的高光，画时要注意皱纹的走势，最后完成作品，如图 7-74 所示。

图7-74

7.4.3　小节总结

老年人的绘制不仅要注意因年龄问题出现的人体结构上的变化，还要注意脸部皱纹的起伏与肌肉的关系，这是一个重点。另外，在表现老人时还要注意笔法的选择与颜色的调整，在这个例子中为了表现老人的色彩就使用了“调整选取颜色”命令。

7.4.4　思考练习

绘制一幅年青人的肖像，对比一下在用笔和表现手法上有哪些不同?

7.4.5　技能拓展

铅笔和干画笔有许多相似性，如不能呈现纸张的纹路，还有线条的粗细通常不随笔尖压力改变等。除了笔尖粗细不同外，铅笔和干画笔最明显的差异在于，如果在同一个地方来回涂抹，一般的铅笔会让颜色变得暗沉，而干笔不会。

在 Painter 中，铅笔最主要的用途不仅是用于打草稿，还可以对细节进行刻画，2B 铅笔和尖锐铅笔都很适合用来打稿。扁形铅笔，其笔芯是扁的，所以用同一支笔来改变倾斜度和角度（而不是压力）就可以改变线条的粗细和角度，不过这种功能要有压感笔才支持。彩色铅笔和覆盖彩色铅笔都是彩色铅笔，不过两者用起来明显不同。前者有明显的纸纹，色彩覆盖性较强；而后者比较像油性笔，纸纹不明显，色彩较透明。另外，扁形铅笔可以有不同粗细，而油性铅笔，它跟覆盖彩色铅笔非常接近，只是色彩是不透明的。

提高篇

第8章

主题性绘画创作

主题性美术创作不仅需要艺术与技术的能力，同时也需要更全面的综合能力，包括相关历史、文化的理解、民族精神的认同；不同人物、物体、场景等素材的积累和练习；现实的敏锐感受能力与判断力、世界整体艺术趋势的价值选择等多方面。本章CG手绘的综合实例练习，通过5个不同的综合实例进行创作训练，主要介绍了现代CG主题性创作表达的思路和方法，以及使用不同的软件时综合使用的具体技巧。

教学目标

- 了解CG创作的创作思路
- 掌握在CG创作在综合性创作中的表现方法
- 通过创作的步骤理解CG创作的基本技巧

8.1 主题性创作应用实例——灵异空间

8.1.1 创作思路

场景绘制是CG手绘的重要部分，常常在游戏设计、城市规划设计以及卡通设计等领域被广泛运用。这一小节的主题是：灵异空间。首先我们需要打一下腹稿，即要画的这个场景有什么特点，要突出表现在哪些方面；要让场景的气氛变得神秘且静谧，颜色上最好是选取蓝、绿、紫等冷色系。对于场景的设计，我们设想一个废旧的教堂，里面有时间沉积的青苔、石头、植被、流水，在蓝绿色的光线映照下安静又神秘。在绘制时，我们要时刻注意光感及图像整体大关系。

CG场景的绘制大致有以下几个步骤。

（1）绘制草图。起稿阶段是对设想景致转化到纸面的最初过程。首先我们要注意构图设计，即如何分配画面上的景物；其次是光源的设计，在这里我们将主光源从背景的窗户发散，而前景处于逆光状态。景物造型设计也是起草阶段要涉及的内容，它关系到整个图像的风格。

（2）上色阶段。有了草图的造型和黑、白、灰大关系，我们就可以上色了。在上色过程中，我们可以将Photoshop的图层功能在上色阶段发挥得淋漓尽致。整体上，我们可以分成前景和背景两个图层。在细节处理上，为方便刻画，也可分图层进行景物绘制，如水流、植被，我们都可以分图层绘画。

（3）深入刻画、调整阶段。在这个阶段，我们可以进一步对已经上色的景物进行细节刻画。比如说，水流的色彩前后会有明显的色彩差异；在植被的刻画中，离光源近的颜色应相对于离光源远的色彩会更暖些等。

（4）检查调整阶段。检查画面上是否有疏漏，如整体大关系、色调等方面，是否已到达预期效果。

8.1.2 步骤详解

1. 新建文档

打开photoshop，新建一个文档并命名为“灵异空间”，预设为国际标准纸张，大小选择A4，宽度为210毫米，高度为297毫米，分辨率为300像素，如图8-1所示。

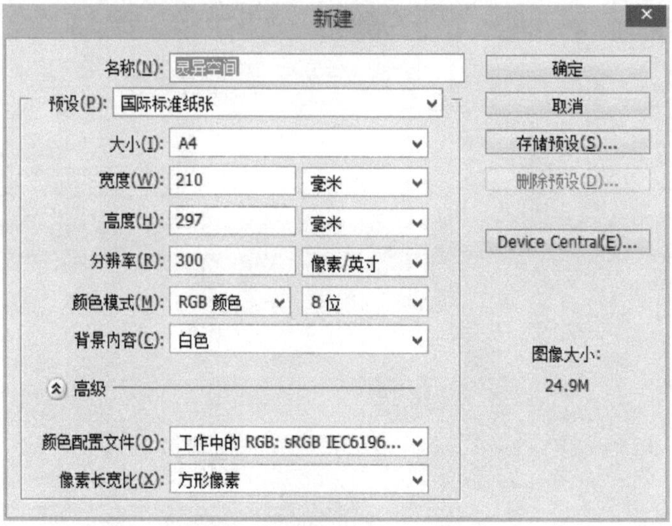

新建
名称(N): 灵异空间
预设(P): 国际标准纸张
大小(I): A4
宽度(W): 210 毫米
高度(H): 297 毫米
分辨率(R): 300 像素/英寸
颜色模式(M): RGB 颜色 8位
背景内容(C): 白色
高级
颜色配置文件(O): 工作中的 RGB: sRGB IEC6196...
像素长宽比(X): 方形像素
确定
取消
存储预设(S)...
删除预设(D)...
Device Central(E)...
图像大小:
24.9M

图8-1

2. 新建图层

新建一个图层并命名为“起稿”，颜色选择“无”，模式“正常”，不透明度选择100%，如图8-2所示。

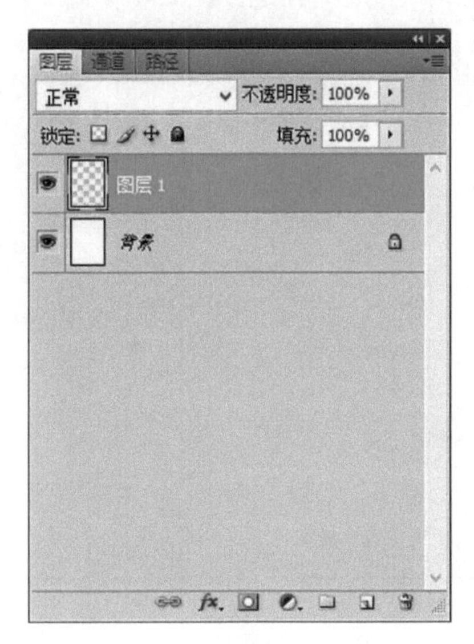

图8-2

3. 绘制草图

单击刚建好的图层，选择画笔工具，用拾色器选取合适色彩，开始绘制草图。绘制草图的色彩挑选一个颜色比较重的紫色，以便于接近我们所预想的图画色调。绘制草图时，我们需在草图中大致定好前景、背景位置，如图8-3、图8-4所示。

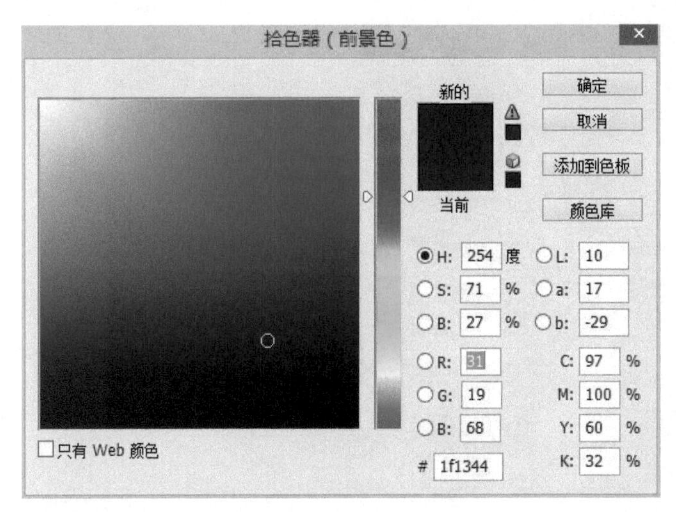

图8-3

图8-4

4. 用单色找出背景素描关系

调节画笔大小，用单色调找出背景结构，同时设计光源的位置，如图8-5所示。

图8-5

5. 用单色概况前景

用同样的方法画出前景物体，此时的草图应为黑白关系明确的素描图。根据我们的想象，前景应有水、植物和废旧的小桥，如图 8-6 所示。

图8-6

6. 新建上色图层

根据需要新建一个图层，或直接单击图层底部快捷键新建图层，并命名为上色。新建图层的优势在于便于调整和修改，以使其他部分不受干扰，如图 8-7 所示。

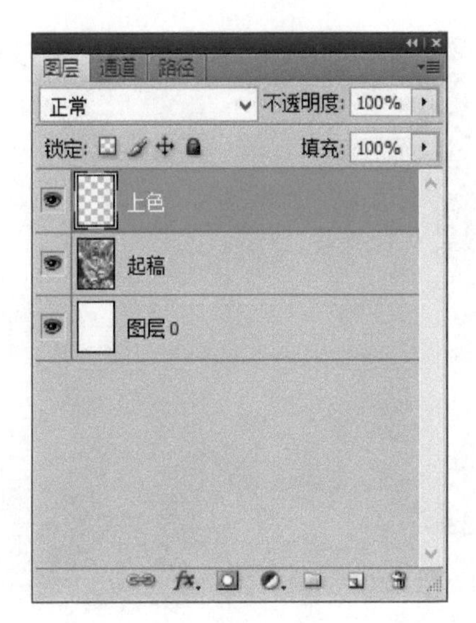

图8-7

7. 绘制后背景色调

我们需要一个整体色调的把握，所以第一次绘制的色调决定了整幅图的色彩基调，在这个过程中我们需要尽量准确表现出我们想要的色彩感觉，如图 8-8 所示。

图8-8

8. 铺整体大色调

（1）接下来的色调应该和我们刚刚绘制背景的色调统一，我们可以利用吸管工具方便吸取已有颜色。第一遍上色，我们先选用大号画笔给前景铺上大色调，如图 8-9 所示。

图8-9

（2）接下来第二遍上色，注意光线的出处来自后背景的窗，所以在绘制前景时要注意逆光的处理，同时也要注意交代一下窗和两侧的柱子结构，以便我们后面的刻画，如图 8-10 所示。

图8-10

9. 新建前景图层

为方便绘制和修改前景，我们需新建图层命名为“前景”，并将其拖至已有图层的顶部，如图 8-11 所示。

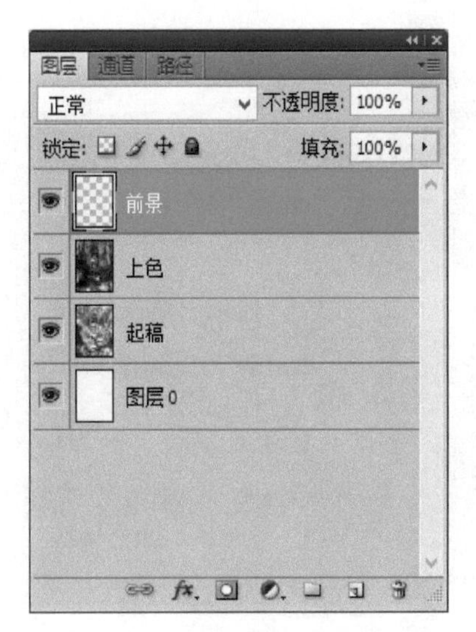

图8-11

10. 绘制植被和石头

（1）我们先来绘制前景中的植物和石头，用整体进行的方法更容易把握整体明暗关系，所以我们将阴影和重色调用较大的画笔交代一下，如图 8-12 所示。

图8-12

（2）接下来进行前景中间色调的绘制。色彩上，根据光源的远近和光线的反射，植被和植被之间的色彩会有冷暖的差别；技法上可以选择小一些的笔，用点彩的方式进行绘制，这样明暗关系也就拉开了，如图 8-13 所示。

图8-13

11. 进一步完善

在前景图层上继续绘制前景的小桥和右侧植被，由于逆光的原因，右侧静物应属于暗调子，所以在绘图时应注意光线的把握，如图 8-14 所示。

图8-14

12. 分层绘制水流

新建图层并命名为“水流”，将该图层置于顶层。在绘制水流的时候首先注意水的质感的体现，其次是透视关系的呈现。我们在这里将水流的颜色调得亮一些也可以起到提亮画面整体色调的作用，如图 8-15 所示。

图8-15

13. 刻画重点部位

分部位进行重点深入阶段。这一步与传统绘画一样，当我们的画面整体色调完成后，就要对重点部位进行深入，以取得进一步深入的画面效果。在这里我们重点为前景点一下高光，以迎合光线对静物的作用，如图 8-16 所示。

图8-16

14. 绘制光线层

（1）为了更好地突出光感，我们需新建图层并命名为“光线”，置于顶层，如图 8-17 所示。

图8-17

（2）选择大直径画笔。选择 200 号边缘羽化画笔，将画笔直径调整到 308，硬度为 0%，如图 8-18 所示。再选择暖一点的蓝色作为光线颜色，如图 8-19 所示。

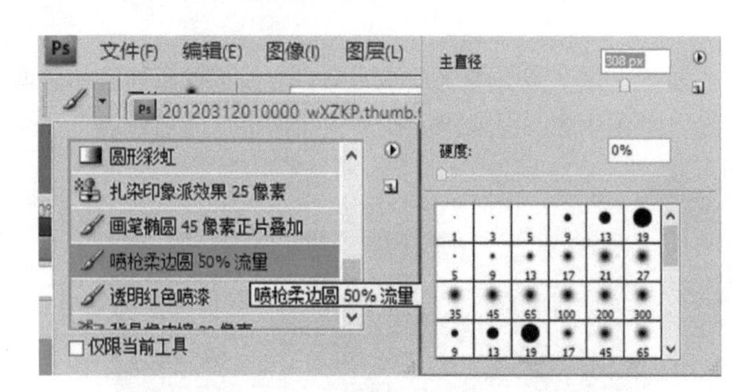

图8-18

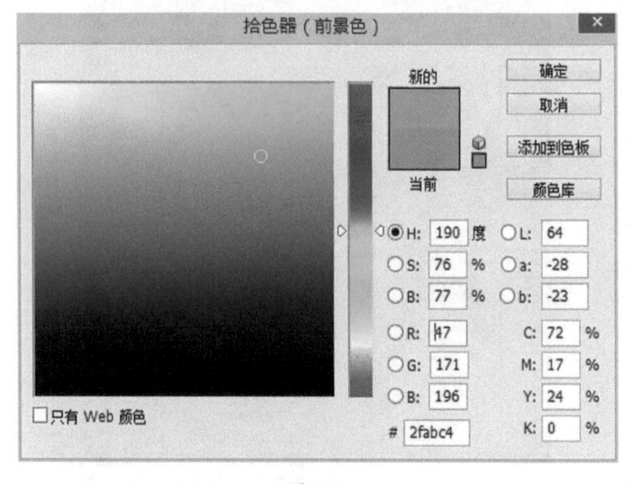

图8-19

（3）绘制光线。绘制好的光线如图 8-20 所示。由于光一定是通透的，因而我们需要改变光线层的透明度为 50%，如图 8-21 所示。

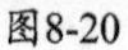

图8-20

图8-21

15. 调整画面整体色调

（1）此时整个空间的绘制已基本完成，如图 8-22 所示，但色调上还是存在不足，我们可以尝试图像菜单里的调整工具来对现有色调进行调整（方法有很多，技能拓展里将详细讲解）。

图8-22

（2）合并可见图层。确保所有图层前端的■处于开启状态，单击鼠标左键，或者单击菜单栏的“图层”，选择“合并可见图层”命令，将可见图层合并成一层，如图 8-23 所示。

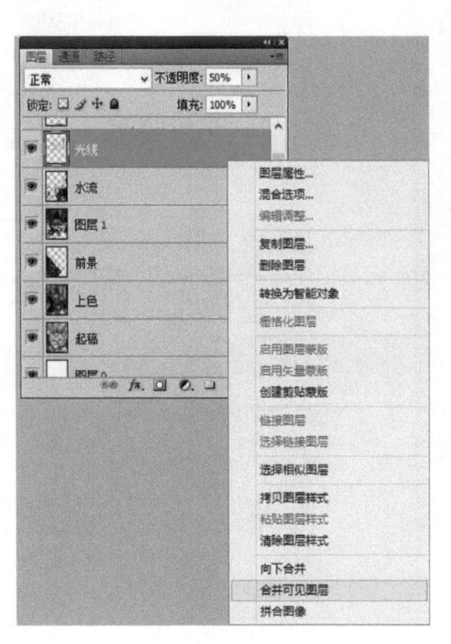

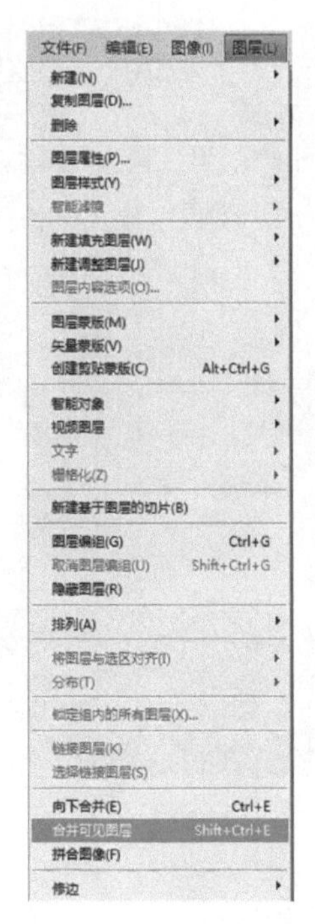

方法1　　方法2

图8-23

（3）我们通过调剂色相和饱和度调节画面色调。打开工具栏中“图像”命令，选择“调整”，在其展开中选择“色相 / 饱和度（H）”项，如图 8-24 所示。

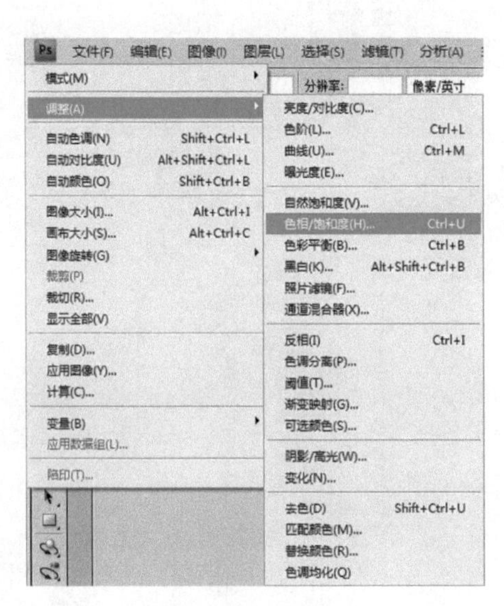

图8-24

（4）通过调节色相、色彩饱和度和明度调节画面色调。蓝绿色会给人一种神秘莫测的感觉，所以我们在之前的色彩基础上加以调整，画面的视觉神秘感更强烈些。调整色相（H）值为 -10，饱和度（A）

为 +15，明度（I）为 +4, 如图 8-25 所示。调节后的效果如图 8-26 所示。

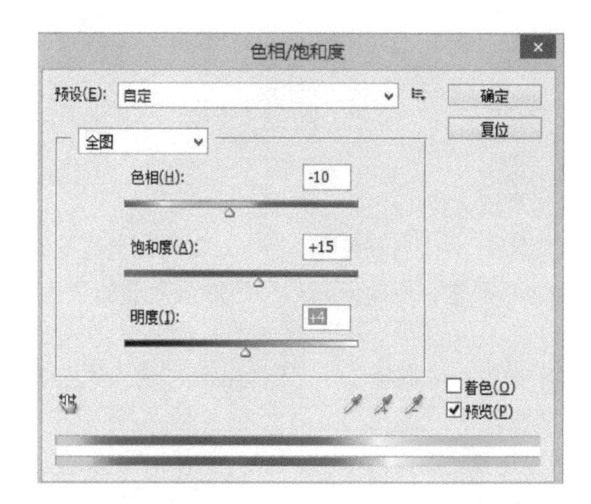

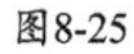
图8-25

图8-26

16. 细节深入刻画，调整检查

检查调整。最后，我们在进行深入刻画时要分析色彩的微妙变化，使画面的冷暖关系丰富协调。同时检查画面上是否有疏漏，整体大关系、色调有没有需要调整的地方，以达到预期视觉效果。通过添加高光等对细节深入的方法使画面达到画龙点睛的效果，如图 8-27 所示。

图8-27

8.1.3 小节总结

本小节通过对灵异空间的绘制，使初学者了解 Photoshop 中分层、笔刷、调色等工具的运用，重点在于光感的绘制和色调的把握。在前景的绘制中，应掌握前后关系，其中植被和水流的绘制是本小节的难点。

8.1.4 思考练习

通过对灵异空间的学习，绘制相似光线感强的场景。

8.1.5 技能拓展

调整画面色调、亮度的方法有很多，这里介绍几种常用方法。

（1）如果图像严重偏色，我们可以选择“图像”—“调整”—“自动颜色”命令对其对比色进行纠正，这种方法适用于颜色偏差比较大的图像；如果色彩偏色不严重，则矫正过后的色彩跟之前的颜色不会有很大区别。

（2）如果想要改变画面的色彩感觉，可以选择“图像”—“调整”—“色彩平衡”命令进行调节，或通过 RGB 颜色进行调节。

（3）同样改变画面色调的方法还有我们讲过的，通过选择“图像”—“调整”—“色相、饱和度（H）”命令选择调整的色相、饱和度和明度。

8.2 主题性创作应用实例——恐龙怪兽

8.2.1 创作思路

恐龙怪兽是现代科幻片中经常出现的一种想象生物。有关于怪兽的科幻电影有很多，如美国恐怖片《史前巨鳄 2》、《哥鲁达》传说中的史前怪兽、《深海巨鲨 》《颤栗汪洋》《变种鲨鱼人》等，创作这类题材的作品能很好地开发人们的想象力。我们在这个作品的创意中加上了现代人与史前怪兽同时出现在一个时空的场景。本实例主要使用 Photoshop 软件绘制，在绘制时注意画面的色彩和层次，最好将各个部分进行分层绘制，这样不但便于修改，还便于对具体的图层添加需要的滤镜，以增加其效果。大概的创作过程如下。

（1）构思创意。对于主题性创作，构思创意是第一步，并且这一步非常重要。我们在此阶段需要全局规划，即首先要在心中构画一下作品的大致形态，包括构图、色彩以及所使用的手法等，有必要的话可以先在纸上画画，为下一步实际操作打好心理基础。

（2）起草上色。将自己的想象变为现实的一个基本性阶段。这一步主要依靠自己的绘画技巧，努力实现心中的想法，将作品的内容基本表现出来。这一步力求准确、快速。

（3）检查修改。在作品完成大部分的时候，可以停下来检视一下画面，重新回到创意构思的心态，看看在技术或创意方面有没有出现偏差，也许这时会有更好的点子使画面更有创意、更美。如果这个阶段发现问题要及时修改。其实这个阶段也是从局部又回到整体的一个阶段。

（4）调整完善。检查出来的问题在这一步要得到解决，同时要突出画面的主要部分，完善整个作品。

8.2.2 步骤详解

1. 建立文档

打开 Photoshop 软件，新建一个 2600×2000 像素的文档，分辨率为 300 像素，命名为“恐龙怪兽”，颜色模式选择 RGB。因为在 Photoshop 中，只有 RGB 模式才能最大化地支持软件的各种功能，如图 8-28 所示。

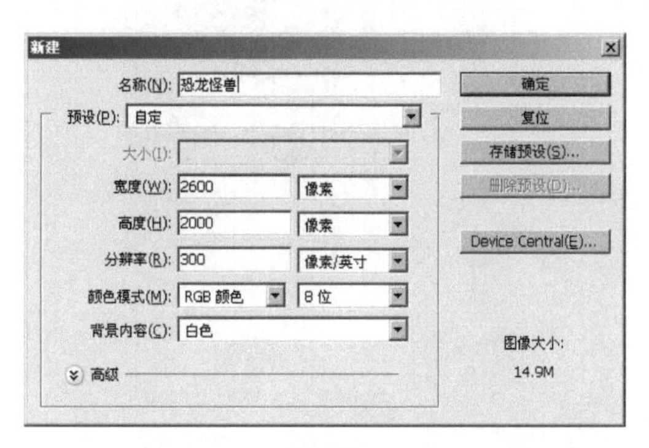

图8-28

2. 绘制草稿

新建一个图层作为草稿层，选择“9 号铅笔”，这种铅笔的特点是颜色的深度与画笔的压感相对应，就是说压力大了就深，反之就淡。与另一些画笔压感和笔痕粗细对应不一样，在起稿时，尽量把线条画准确，此时心中要有一个规划，重要的地方可以颜色画深一些，如图 8-29 所示。

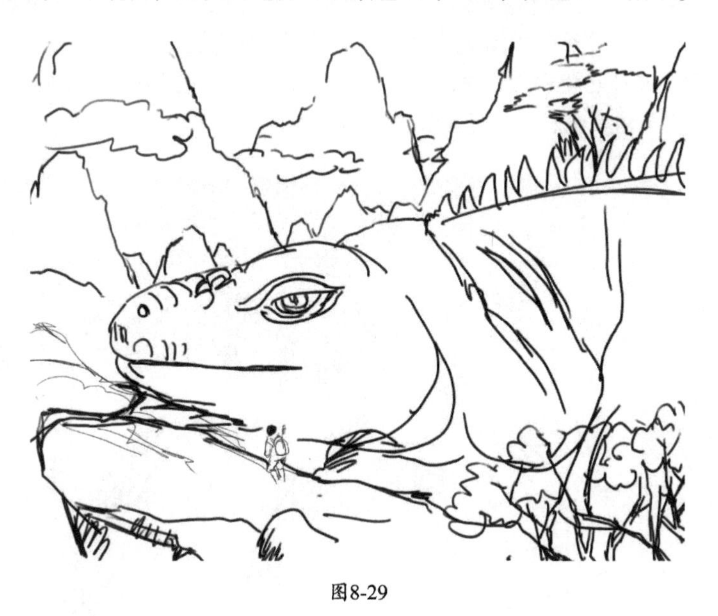

图8-29

3. 选择画笔

选择图 8-30 框住的画笔，这里需要说明的是，为了更好地使用 Photoshop 绘画，通常是先做好一些笔刷，以便备用。与 Painter 软件内置的很多笔刷不同，Photoshop 软件中自带笔刷并不多。对笔刷的使用，初学者可从网上下载一些更易入门学习的笔刷。下图的笔刷就是美国 CGCraig Mullins 手绘大师的笔刷，如图 8-30 所示。

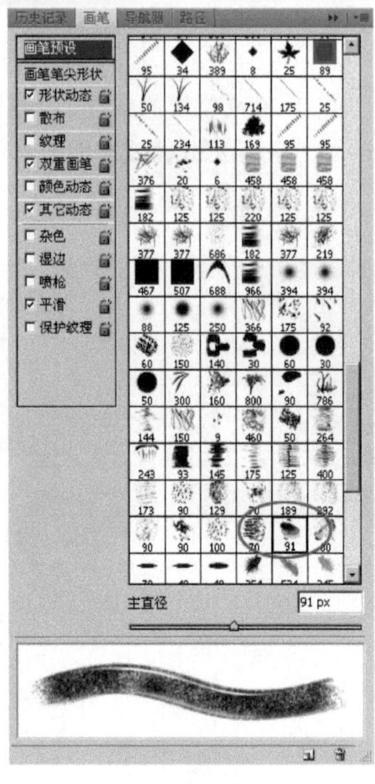

图8-30

4. 描绘远景

新建一个图层并命名为“天空层”，这个图层主要绘制远景天空，用选择好的画笔对天空进行描绘。把握天空的颜色不但要知道它随季节、早晚而变化，而且还要和作品本身的主题创意相匹配，因此在绘制天空时可以根据需要对其色彩进行适度夸张，如图 8-31 所示。

图8-31

5. 绘制远山

新建一个图层并命名为“远山层”，这个图层主要绘制远景——山峰。在画笔的选择上依然用刚才画天空的画笔，在画山时要注意山峰的阴阳面及颜色的变化，如图 8-32 所示。

图8-32

6. 描绘主体物

画面中的主体物是我们创作的核心，即一个庞大的怪物。在绘画的时候要注意怪物的质感与周围环境的互应。主体物既要隐藏在大环境中，也要突出主体物。具体绘画时，要注意先定色调，再定体积，最后表现质感。新建一个图层并命名为“怪物”，选择同样的画笔开始绘制。根据创意，先画出怪物的大体轮廓和色彩，如图 8-33 所示。

图8-33

7. 调整远山明度

至此，大色调已经完成。检查整个画面，发现远处的山太暗，影响画面的层次，为了使画面层次丰富，我们调整远山的透明度。白色的背景层可以降低远处山的深色，选择远处山的图层，调整图层的透明度，以达到满意的效果，如图 8-34 所示。

图8-34

8. 继续完善天空和远山

选择涂抹工具，对天空和远山图层进行涂抹，使之过渡自然。但有些需要保留转折的地方不要涂抹，这样做主要是为了混合笔触，不但使色彩过渡自然，还有一种对比的效果，如图 8-35 所示。

图8-35

9. 调整怪物的位置

为了突出创意，现在将怪物向右移动，调整位置。选择工具箱中的“选择移动工具”，将该图层向右移动放在合适位置，并用画笔补画左边山坡，如图 8-36 所示。

图8-36

10. 补画天空空白

因为移动了怪物图层，远处的山出现了空白，所以需要选择画笔对其进行补画，注意明暗虚实，如图 8-37 所示。

图8-37

11. 画登山者

选择 13 号画笔画登山人物，在画时要注意人物的动态走势，不要过多描绘细节，并顺势描绘怪物及山的大块面，如图 8-38 所示。

图8-38

12. 修饰山坡上的细节

依然用以前的笔刷，并交替使用 13 号笔刷，开始对山坡细节进行修饰，主要是找出山石的结构和重要细节。为保持统一效果，笔刷的颜色最好按 Alt 键选取要修改细节周围的颜色，然后从一处开始慢慢修饰，如图 8-39 所示。

图8-39

13. 细化怪兽

画怪兽要注意，除部分要画出真实的质感，其他尽量与山石一致，这样更能符合当初的创意。选择怪兽图层，用同样的画笔画怪兽的细节，建议将画面放大到原始大小，从局部开始细化，如图 8-40 所示。

图8-40

14. 完善细节和质感

怪兽的绘制基本完成，下一步就是对质感及环境的调整。这个阶段可与 1 号画笔交替使用，这样利于质感细节的表现，直至完成创作，如图 8-41 所示。

图8-41

8.2.3 小节总结

本实例重点介绍笔刷选择对画面效果的影响。根据所画物体的不同选择合适的笔刷，这样才能发挥电脑绘画的优势。另外，在 Photoshop 中表现一些柔软的东西要尽量学会使用“涂抹工具”，本例中远处深山云雾就是使用“涂抹工具”来完成的。

8.2.4 思考练习

科幻片中的恐龙怪兽多是综合几种奇异的生物加以想象而创作的，你能用日常生活中的几种动物组合成几种想象的生物?

8.2.5 技能拓展

为了提高效率，很多手绘都喜欢自己制作笔刷，在本幅作品中就使用了几种笔刷。如何在 Photoshop 中制作自定义笔刷，是每一个手绘爱好者的必修课。大体来说，使用、制作笔刷有下几个步骤。

（1）载入笔刷：打开 Photoshop，单击画笔工具，从画笔的设置菜单中选择“载入画笔”，找到你放笔刷的文件夹，点选你要用的笔刷，然后单击“载入”按钮。 载入几个笔刷文件都可以，然后你就可以在笔刷存储器中看到已经载入的笔刷了。在画笔设置面板中，还可以对笔刷进行设置，以获取更好的效果。

（2）制作笔刷：首先，把要做笔刷的图片给抠出来或画出来（一定要在透明背景上做），按 Ctrl 键不放，用鼠标单击图片所在图层，获得选区。其次，单击菜单栏“编辑”下面的“自定义笔刷”命令。在弹出的窗口输入你想要的笔刷的名称，然后单击“确定”按钮完成笔刷制作。这时打开笔刷库，你就可以看到刚刚做出来的笔刷了。要想获得更多的笔刷效果，请在画笔设置面板中对笔刷进行设置，如图 8-42 所示。

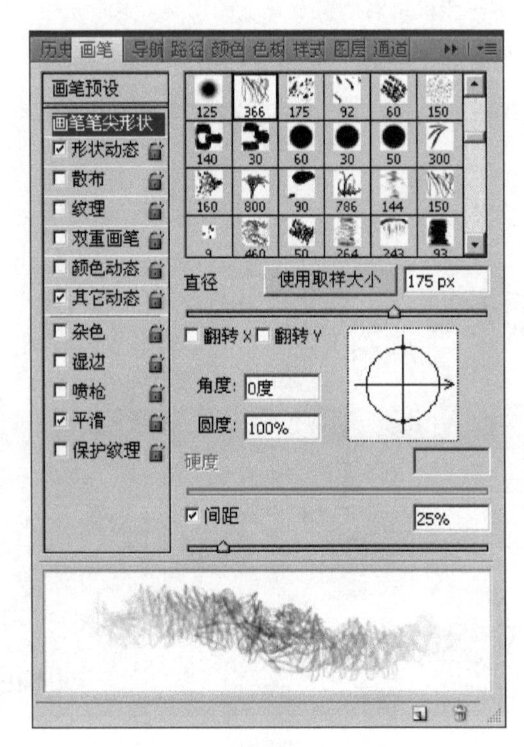

图8-42

8.3 主题性创作应用实例——邪恶精灵

8.3.1 创作思路

邪恶精灵是现代灵异类艺术创作中经常出现的一种现象，在创作它的时候与前面我们讲的人物漫像是有区别的，主要是这类题材在创意时可以不受现实的限制，可随意发挥人们的想象力，然后赋予人类的表情和肢体语言。当然，不同的文化会反映在体裁形象的创作中，因此东西方关于精灵的形象都会有一个大致的文化形象。这个实例中，我们借鉴了西方影片中的因素来表现，主要是体验这类体裁的绘画。具体在绘画过程中，主要把画面中出现的东西进行分类，然后按不同类别进行图层划分，大体的方法就是利用物体的前后关系来进行划分。在画面的明暗处理上，主要运用相互映衬的方法进行表现，用写实的方法来表现梦幻的真实。

（1）构思起草。这个作品的主体内容源于一些科幻影片，也就是通常所说的旧原素新组合。目的就是通过创意产生一种新的视觉效果，所以，开始主要是对原材料进行分析构思，用一种好的构图来表达自己的想法。我们可以先在纸上进行构画，多出几个方案。

（2）铺大体色调。构图完成后，就是作画的具体工作。先准备好画笔，看看这幅画要用几种笔刷，什么样的笔刷产生什么样的效果。然后是上色，上色时对不同类型的物体要分层，再就是将笔刷的直径调大。这一步要时刻想着画面的整体。

（3）局部刻画。在大体的颜色完成后，就要分物体进行局部刻画，这个阶段要将画笔直径调小，在画的时候要有意识地强调物体的冷暖、明暗。画面对比度要大一些，这样容易产生效果。

（4）细节调整。在完成整个画面 90% 的进度时，就要回头检查画面，对画面中出现问题的地方进行调整，使局部服从整体。

（5）细节刻画。将画笔直径调整到最小，从最感兴趣的地方开始进行深入刻画，从而使这些关键部位成为画面的亮点。

8.3.2 步骤详解

1. 新建文档

打开Photoshop，新建一个文档并命名为“邪恶精灵”，5000×2800像素的分辨率为300像素，如图8-43所示。

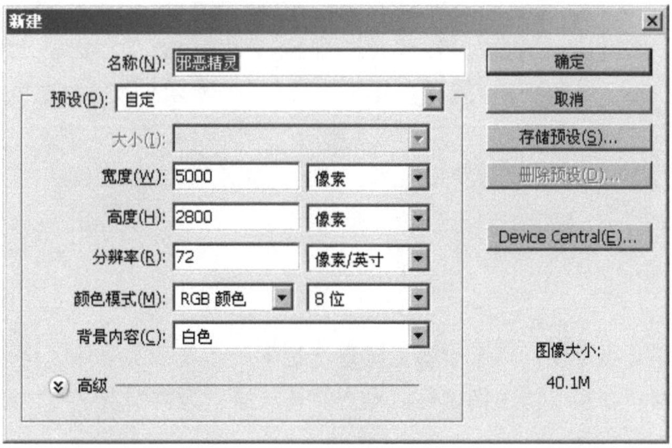

图8-43

2. 建立草稿层

新建一个图层作为草稿层，颜色选择“无”，模式选择“正常”，不透明度选择“100%”，如图 8-44 所示。

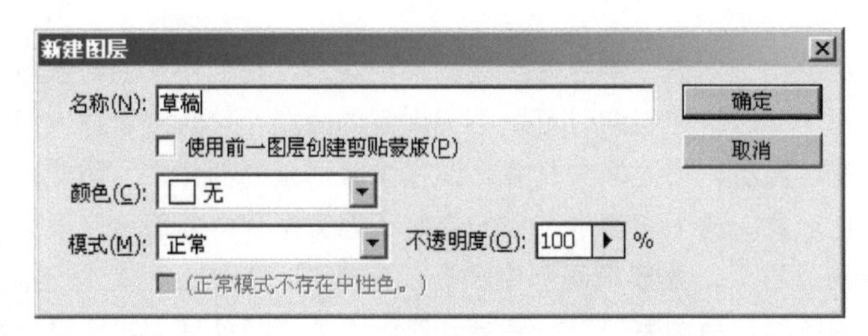

图8-44

3. 选择画笔

单击草稿图层，使其处于选择状态，然后单击画笔工具，选择软件系统中自带的 3 号画笔，如图 8-45 所示。

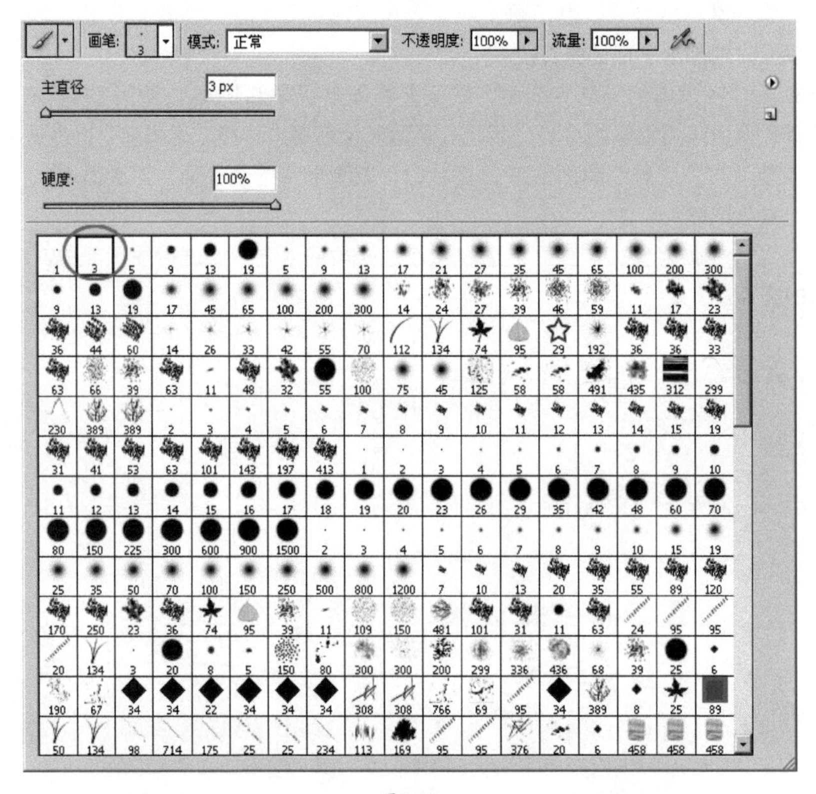

图8-45

4. 绘制草稿

根据创意，用画笔画出草图，这个步骤主要是标记下一步要画的物体，至于草图画到什么程度取决于个人对绘画的把握。如果成竹在胸，可以画得简单一些，通常情况下可以略施明暗，但重点的细节要细致一些，如图 8-46 所示。

图8-46

5. 涂抹背景颜色

单击背景图层，选择画笔工具的 300 号笔刷，接着单击喷枪模式，其他设置不变，涂抹天空，并适当让笔触的颜色有些变化，以便（使）画面丰富，如图 8-47 所示。

图8-47

6. 绘制房子

房子在这个画面中占的比例最大，从整个色调上来说，它是影响整个画面的重要物体。所以我们先从房子入手，给画面定个基调，然后新建一个图层，放在草稿层下面。注意在上色时两边的冷暖关系，假设主光是暖光从左边打过来，背景在光源的影响下右边会偏暖一些，选择 36 号画笔，设置透明度为 70%，快速画出房子的明暗、色彩和周边的色彩，如图 8-48 所示。

图8-48

7. 绘制精灵

新建一个图层，放在房子图层的上面，选择同样的画笔画出精灵的主要色彩和明暗，在画头部时要注意表情，如图 8-49 所示。

图8-49

8. 绘制树木

新建一个图层并命名为“树木”，放在精灵图层和房子图层的下面，选择同样的画笔画出精灵的主要色彩和明暗，注意树枝的穿插和体积，如图 8-50 所示。

图8-50

9. 检查初稿

根据草稿将初稿完成，现在已经有了基本模样，这个时候建议在关闭草稿图的情况下检查一下画面。因为只有在没有草稿的情况下才是我们最终看到的效果,这样很容易找出我们在初稿时遗漏的部分。单击草稿层前面的眼睛，以关闭草稿层，关于开户和关闭草稿层的效果区别，如图 8-51 所示。

图8-51

10. 调整初稿

在关闭了草稿层后，如发现有很多的遗漏，这种情况下要调整初稿，补上遗漏的部分。虽然是初稿，但不要给以后的细节深入带来麻烦。选择刚才的画笔，根据画面调整画笔直径，对一些重要的细节进行调整，在调整时一定要注意物体所在的图层，如应该在哪个图层上调整，就要在哪个图层上画，以免给后面的工作带来麻烦，尤其在涉及应用图层样式和滤镜时，这一点很重要，如图 8-52 所示。

图8-52

11. 深入房子

房子是这幅画所占比例最大的物体，虽然不如人物细腻，但色彩层次较为丰富，要想表现好这类物体，建议使用不规则笔触，并设置笔触的透明度。这里选择的是 36 号画笔，透明度设置为 70%，这样可以有一种色彩叠加的效果。我们可以从暗部开始，适当画一些细节，如图 8-53 所示。

图8-53

12. 整理树木

树木和花草虽然所占比例较小，但也不能轻视其重要性，它们主要起到调节画面色彩和平衡构图的作用，所以看似可有可无的东西，其实在画面中往往起着非常重要的作用。对于树干，可以用 5 号画笔；树叶虽然比较烦琐，但在画时也是有规律可找的，如阴阳相背；至于叶子，可以找一两个突出的具体描绘，如图 8-54 所示。

图8-54

13. 刻画房子细节

由于房子表面的泥土因为时间的问题要剥落，这是一种特殊的效果，因而我们用 Photoshop 中的图层样式来完成。我们可先在房子图层的上面建立一个新的图层并命名为“剥落层”，如图 8-55 所示。

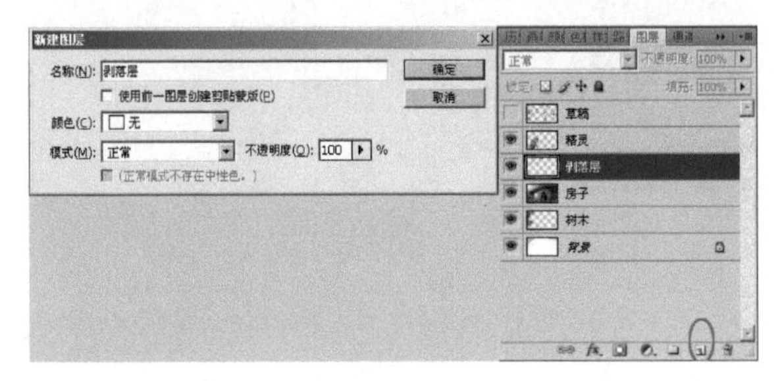

图8-55

14. 添加剥落色彩

在新建立的剥落图层上添加剥落色彩，选择画笔，笔者选择的是美国 CG 画家 Craig Mullins 笔刷中的 VIAGNUAGE4 画笔（Craig Mullins 的笔刷是免费的，可以下载）。如果自己制作笔刷，建议笔刷的形状既要不规则也要有一定间距，在动态及散布上做一下设置，使之更符合剥落纹理（有关笔刷的制作，前面有章节专门讲述）；然后在图层上大致画一些，注意不要涂满，要留出下层泥土的颜色，完成剥落色彩的涂抹；最后单击图层样式中的混合选项，如图 8-56 所示。

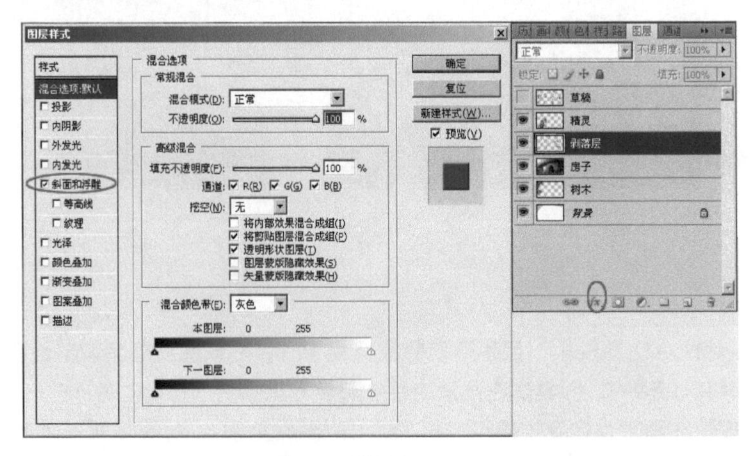

图8-56

15. 调整剥落色彩

设置完图层样式后，就可以看到泥土的剥落效果了，至于想达到什么程度，可以根据自己的需要去调整。但要记住两点：第一，只有留出下面图层的空隙，才能显示剥落效果；第二，（从）剥落效果的设置图层样式中去设置，如图 8-57 所示。

图8-57

16. 刻画精灵

精灵是这幅画的重点，所以要重点刻画，包括：表情、动态，使其更能表现人物的内心情感；质感，要画得真实自然。我们从头部开始，建议 1 号和 36 号画笔交替使用，并用涂抹工具进行柔和，以便过渡自然，画的时候注意物体色彩的冷暖关系，画完头部后，画其他部分，直到完成所有部位，如图 8-58 所示。

图8-58

17. 调整整个画面

选择橡皮擦工具中的一号边缘羽化的笔刷，擦除多余的部分，使之融合于肩膀的形状，如图 8-59 所示。

图8-59

18. 添加特效

单击精灵图层，然后单击图层对话框下面的样式为精灵添加特效，调整参数设置，完成绘画，如图 8-60 所示。

图8-60

8.3.3 小节总结

通过“邪恶精灵”实例的学习，我们应该注意在画面表现中如何处理不同图层的关系，以及在 Photoshop 中如何使用、调整图层样式。

8.3.4 思考练习

通过对“邪恶精灵”的学习，练习类似游戏中的角色。

8.3.5 技能拓展

图层样式工具还有哪些应用？图层样式被广泛地应用于各种效果制作当中，其主要体现在以下几个方面。

（1）通过不同的图层样式选项设置，可以很容易地模拟出各种效果。这些效果利用传统的制作方法会比较难以实现，或者根本不能制作出来。

（2）图层样式可以被应用于各种普通的、矢量的和特殊属性的图层上，几乎不受图层类别的限制。

（3）图层样式具有极强的可编辑性，当图层中应用了图层样式后，会随文件一起保存，初学者可以随时进行参数选项的修改。

（4）图层样式的选项非常丰富，通过不同选项及参数的搭配，可以创作出变化多样的图像效果。

（5）图层样式可以在图层间进行复制、移动，也可以存储成独立的文件，将工作效率最大化。

8.4 主题性创作应用实例——烟雨江南

8.4.1 创作思路

水彩画法是 Painter 软件中一个独特的功能，它可以模仿真实的水彩画效果，甚至模仿水彩在纸上着色的时间过程，让人有一种真实的体验。另外，Painter 的水彩画笔有很多选择，而且可以画在独立的水彩图层上，更加有利于编辑和修改，这也是纸上水彩无法达到的效果。本实例以江南水乡为例，利用 Painter 水彩功能绘制一幅江南水乡水彩画，整个实例既有干画法，也有湿画法。在创作过程中，我们先在 Painter 中利用 Painter 的水彩画笔和水彩图层的优势画出画面的整体气氛，然后转到 Photoshop 中利用 Photoshop 的笔刷工具完成画中的细节描绘。

（1）这幅作品整体上分为两大步：一是利用 Painter 软件的优势画出作品的水彩效果；二是用 Photoshop 软件进行局部修改。这主要是想告诉大家，在 CG 手绘中只要对我们的创作有利，不应该局限于一个软件，也不要局限于一种手法。

（2）起草阶段。画水彩画起草时要特别小心，主要是为了让画面效果生动，要保留一些草稿，所以水彩画的草稿要轻松、自然、准确。

（3）上色阶段。这一步要由远到近，由大到小。开始要全面、迅速地将画面的整个色调表现出来，并且要追求色彩的整合效果。

（4）细节刻画。这一步要选择干的水彩笔进行描绘，也可以在普通图层上用其他画笔刻画。但要注意不要忘记水彩画的风格特点。

（5）最后回到 Photoshop 中，利用 Photoshop 软件的特点，刻画和添加画面的细节，完成创作。

8.4.2 步骤详解

1. 建立文档

打开 Painter 软件，新建一个 2000×1200 像素的文档，分辨率为 300 像素，命名为“烟雨江南”，单击“纸纹选择”图标，选择法国水彩纸纹，如图 8-61 所示。

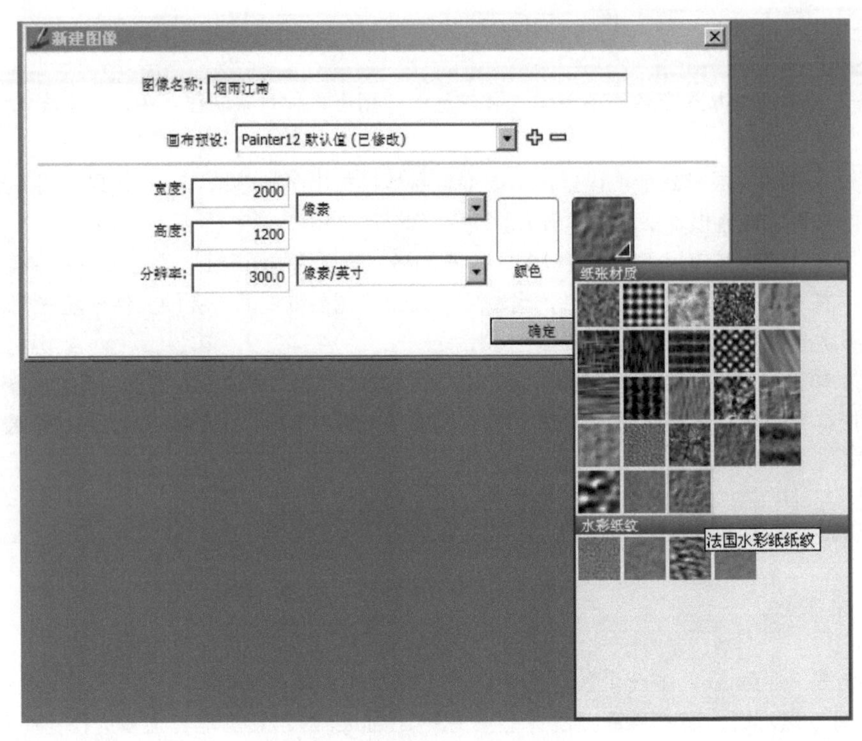

图8-61

2. 绘制草稿

新建一个图层作为草稿层，选择“2B 铅笔”中的“仿真 2B 铅笔”，并把颜色设置为黑色。起草时，因为水彩画的特点，在起稿时尽量把线条画准确，此时心中要有一个规划，哪些地方用干画法，哪些地方用湿画法等具体的问题，如图 8-62 所示。

图8-62

3. 绘制背景

选择背景图层，用“喷笔”中的“数码喷笔”调整色彩，因为画面定位于江南的春天，天空的色彩选择烟雨蒙蒙的兰灰色，水选择烟雨蒙蒙的粉绿灰色。将画笔直径调整为 200 左右，对背景进行喷涂颜色，如图 8-63 所示。

图8-63

4. 描绘远景

新建一个图层并命名为“远山”，依然用“喷笔”中的“数码喷笔”调整色彩，色彩的明度与天空相近，差别不要太大，这样才能将山往远处推，依稀画出山的大体走势，如图 8-64 所示。

图8-64

5. 描绘山峰

选择画笔中“水彩”下面的“流动水彩鬃毛笔”描绘山峰，画时要有意制造重叠的笔峰，造成一种水彩画叠加的效果。注意在用水彩工具时，软件自动添加了一个水彩图层，这个图层普通画笔是无法操作的，如图 8-65 所示。

图8-65

6. 描绘山峰细节

选择画笔中“水彩”下面的“渗化鬃毛笔”找近处山峰进行涂抹，有意制造一种水彩的肌理效果。因为 Painter 的水彩笔刷是模仿真实的水彩效果，但人为控制比较难把握，如果处理不够理想，等完成 Painter 中的工作可转到 Photoshop 中进行修饰，如图 8-66 所示。

图8-66

7. 描绘树木

先画远处的树木，调整其颜色为淡绿色，选择“水彩”下面的“渗化驼毛笔”按照树的形状进行描绘，因为远处的树林是很虚的，所以我们仍然使用渗化性水彩笔，如图 8-67 所示。

图8-67

8. 绘制房屋

房屋的画法采用干湿结合的方法，即门窗及转折的地方最好采用干画法，其他为湿画法。干画法采用干性水彩笔，如“干性平笔”，可用同样的方法画出石桥，如图 8-68 所示。

图8-68

9. 绘制树木

前面绘制了稍远一些树的色彩轮廓，现在绘制近处的树木，建议选择干性水彩笔，这里笔者选择的是“干性平笔”，同时用“流动水性平笔”小心洗出一些流淌的水彩效果，如图 8-69 所示。

图8-69

10. 利用 Photoshop 修饰细节

Painter 虽然功能强大，但对大部分人来说，水彩画笔并不好把握，尤其是对一些细节的描绘，不如使用 Photoshop 方便。为了能达到更好的效果，可以利用这两个软件的各自优势共同完成这幅作品，但Painter中的一些滤镜，Photoshop是不认的，所以最好输出成JPG格式图片进行绘画。然后执行命令."文件" / "存储为"，以便进行下一步创作，如图 8-70 所示。

图8-70

打开 Photoshop, 双击鼠标左键打开刚才所保存的"烟雨江南.JPG"文件，然后用 Photoshop 修饰近处的房屋、石桥等。在 Photoshop 中我们可以自定义笔刷，并将其保存起来以便备用；也可以通过网络下载，将别人已经制作好的笔刷导入笔刷库中，我们选择笔刷的条件是笔刷能产生像水彩干画法那样的效果，如图 8-71 所示。

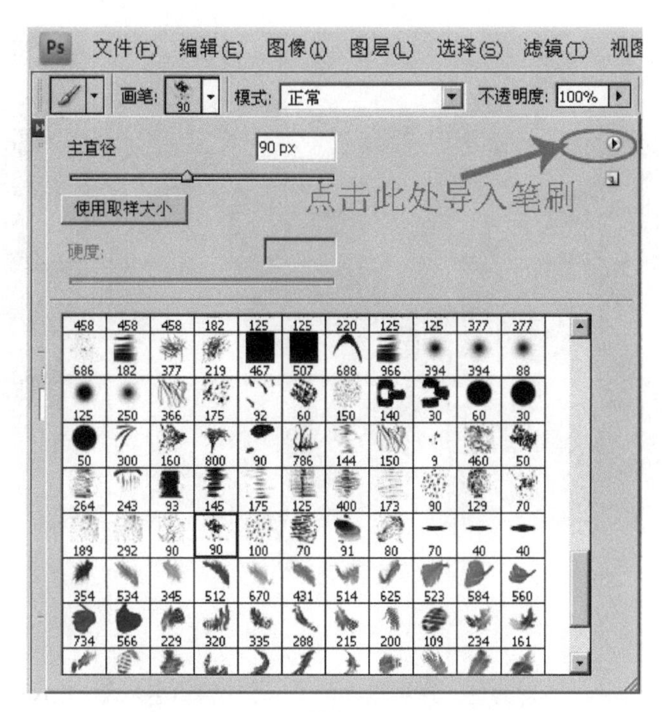

图8-71

找到自己想用的笔刷后，开始对房屋细节进行修饰，主要是找出房屋的结构和重要细节。为保持统一效果，笔刷的颜色最好按 Alt 键，选取要修改细节周围的颜色，有了一定的把握后再自己定颜色，然后从一处开始慢慢修饰。有时为了表现一种效果，可保留一些生动的草稿线，如图 8-72 所示。

图8-72

用同样的方法画出石桥及水纹。为增加画面气氛，应增加一些花草、小树枝之类的点缀，如图 8-73 所示。

图8-73

11. 新建图层

为活跃画面，应该加上一点对比色，这里笔者画了一个身穿红色衣服的姑娘手拿一把白色的雨伞，这时可以增加一个图层，以避免不小心破坏画面。单击“图层”按钮展开图层面板，再单击“新建图层”按钮，新建一个图层。也可以从菜单中执行“图层”—“新建”—“图层”命令，如图 8-74 所示。

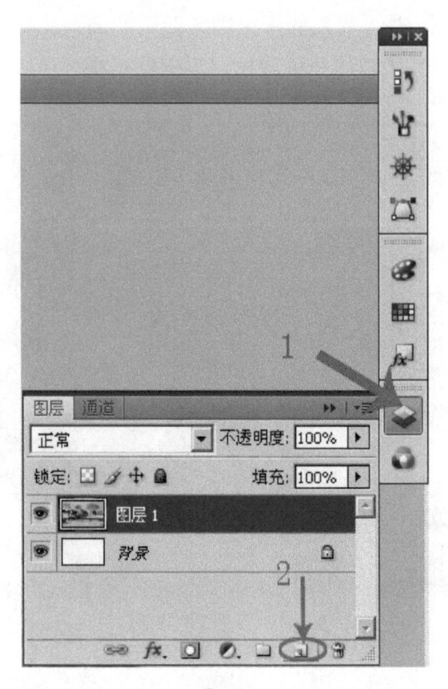

图8-74

12. 画人物

选择一个画笔，此处对画笔没有什么要求，只要顺手就可以，关键是画出人物与白色的雨伞，以增加画面的艺术气氛，如图 8-75 所示。

图8-75

13. 调整细节

查看画面，调整细节，完成作品，如图 8-76 所示。

图8-76

8.4.3 小节总结

本节实例主要讲述了如何利用 Painter 的水彩画笔和水彩图层来表现画面水彩效果的方法，在水彩画效果的表现中 Painter 软件以其自身独特的优势显示其功能的强大，我们在画水彩画的效果时要注意发下几点，首先是水彩纸的选择，其次是水彩画笔的运用，第三是水彩画笔的干燥的处理。

8.4.4 思考练习

通过“烟雨江南实例”的学习，思考一下如何在 Photoshop 中利用笔刷达到水彩画的效果?

8.4.5 技能拓展

如何在 Photoshop 中制作笔刷

（1）打开你想制作笔刷的图案或自己画一个图案。

（2）再建立一个背景为透明的文档，把复制的图案粘贴进去。

（3）从编辑菜单中选择“定义画笔预设”命令，将其定义为画笔。

（4）这时在画笔面板中会出现刚定义的画笔。

（5）单击画笔面板右上角的三角形箭头，打开下拉菜单，选择“存储画笔”命令，打开“存储画笔”的对话框。

（6）在对话框的文件名文本框中输入文件名，选择保存的格式为 .ABR，完成笔刷制作。

8.5 主题性创作应用实例——战争场景

8.5.1 创作思路

著名电影导演安东尼奥尼说：“没有我的环境，便没有我的人物。”因此，场景是影视创作中最重要的场次和空间的造型元素。场景是环境，指展开动画剧情单元场次特点的空间环境，它是全片总体空间环境重要的组成部分。在设计一个场景之初，我们首先需要了解这是个什么样的游戏，很多时候我们需要其他策划所提供的故事背景、角色和相关的设计要求，然后进行规划。这幅作品在创意时主要考虑到以下几个问题：首先是近、中远景的层次；其次是环境色彩与气氛的渲染；最后是战争场景中细节与质感的表现。

（1）战争场景的创作是一个很特别的创作，因为多数人没有经历过战争，虽然靠想象可以绘画，但难免会失去画面的真实感。所以第一步就是对画面中出现的武器和战车等物体进行材料收集考察，力争贴近真实。

（2）起草。场景类画面通常表现的是一个大的空间，这样的创作需要透视方面的技术才能表现画面的深度。所以起草时，要注意画面的透视关系。

（3）上色阶段。这个阶段要快速地用大笔触进行画面填充，先把整体气氛表达出来，再对具体物体进行描绘。

（4）调整画面。在这幅画的绘制过程中，有一些东西进行了变动，主要是考虑画面的整体效果。所以这个阶段的调整也是很重要的，但在调整时不要破坏画面的整体气氛。

（5）深入刻画。在该阶段绘画时，有些物体的质感表现需要借助一些材料，如实物或照片，力争真实。

8.5.2 步骤详解

1. 建立文档

打开 Photoshop 软件，新建一个 2600×2000 像素的文档，分辨率为 300 像素，命名为“战争场景”，颜色模式选择 RGB。因为在 Photoshop 中，只有 RGB 模式才能最大化地支持软件的各种功能，如图 8-77 所示。

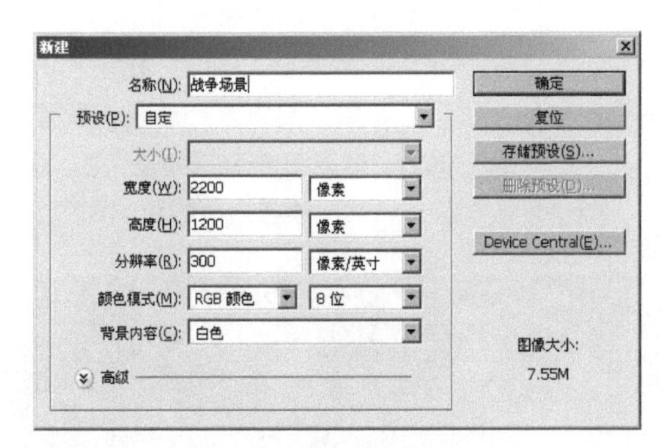

图8-77

2. 绘制草稿

新建一个图层作为草稿层，选择“9 号铅笔”，画笔直径调节为 3 左右。在起稿时，尽量把线条画准确，此时心中要有一个规划，重要的地方可以颜色深一些，对主要形体也可略施明暗，如图 8-78 所示。

图8-78

3. 建立图层

建立图层。分层绘画有两个好处：一是可以在修改绘画时不影响其他图层；二是对分层施加滤镜时不会影响其他图层。画的时候将天空、中景与前面的人物、飞行器、坦克各建立一个图层，如图 8-79 所示。

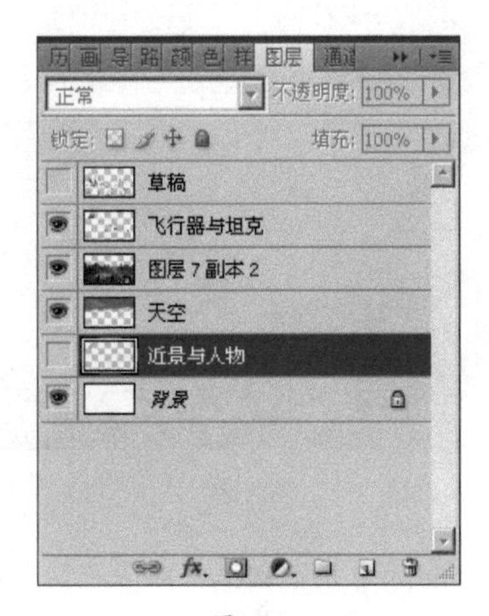

图8-79

4. 铺大体色调

选择画笔，这里没有一个严格的要求，主要指标有以下几点：一是有扁平感；二是笔迹的深浅可以用于压感控制；三是最好有一定的笔痕质感。这里笔者选择的是美国CG手绘大师的brush312笔刷，由远及近地进行大笔触铺色，此时不要考虑细节，只考虑画面的色调和气氛，如图8-80所示。

图8-80

5. 从中景开始描绘坦克和飞行器

依然用sampled brush312笔刷，从最感兴趣的部分中景开始，这一步基本完成了绘画的80%。需要说明一下，就本幅画来说，中景块面的笔触直径为30左右，细节为10左右，最细致的部分可以用1号画笔直径进行描绘，如图8-81所示。

图8-81

中景中的坦克、飞行器等物体在生活中并不常见，对于不常创作此类题材的人来说是有一定难度的，因而要解决这个问题就要找一些相关图片，研究他们的原理和基本功能。就这幅作品来说，笔者借鉴的是以色列的一种坦克和国外一些人设计的未来飞行器。在画的时候，首先要注意这些物体的形体与明暗的关系；其次是色彩，因为在战争中的色彩上要加入一些烟火效果的颜色。在笔刷选择上没有什么特殊要求，使用自己喜欢的笔刷即可，如果需要过渡自然柔和的地方，可用涂抹工具柔和一下，如图 8-82 所示。

图8-82

6. 调整天空笔触

选择涂抹工具，设置强度为 30 左右。用涂抹工具时，可以选择笔触，这里可以选择硬度为 0% 的笔触，这样可以更好地达到过渡自然、笔触柔和的效果。选择好笔触后，按照天空的走势进行柔和，以达到满意的效果，如图 8-83 所示。

图8-83

7. 细画近处的山石

这里可选择 CGCraig Mullins 手绘大师的 brush312 笔刷，根据岩石的情况调节画笔直径的大小。对于岩石的结构和荒草，注意其颜色要与画面整体色调一致，如图 8-84 所示。

图8-84

8. 添加近处人物

此时，发现火炮的出现与画面气氛不太协调，在画人物的时候，笔者决定多画几个士兵，并去掉火炮。这一步也说明在绘画创作时，要根据画面需要随时调整，争取更好的场景氛围，如图 8-85 所示。

图8-85

9. 调整画面细节

飞机可以用橡皮工具擦拭一下，明确虚实效果，这种情况下使用橡皮工具要注意三点：一是调整橡皮工具的硬度为 0%；二是要距离飞机一点距离；三是橡皮工具的直径要足够大，如图 8-86 所示。

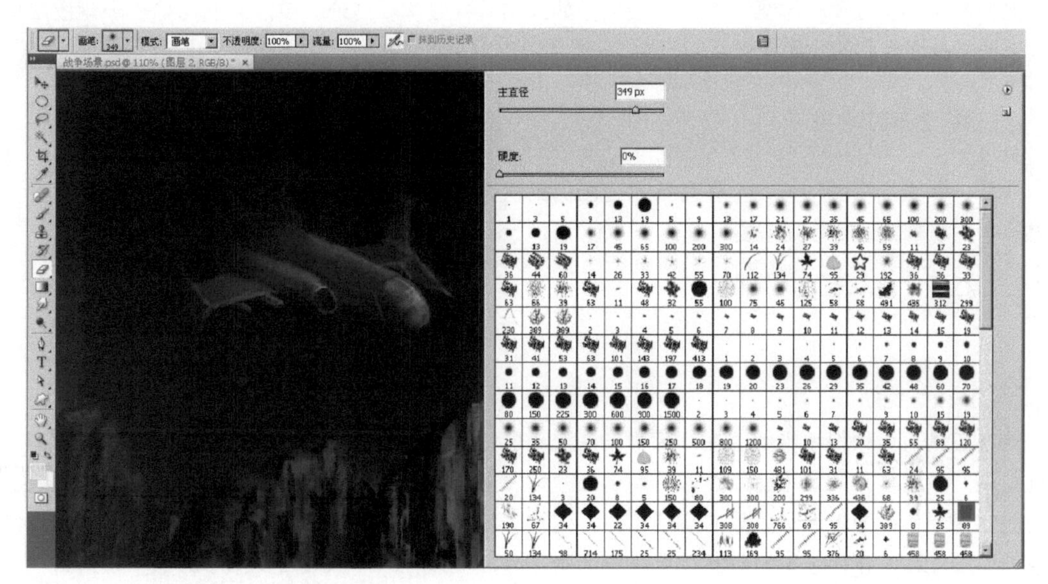

图8-86

10．调整画面细节

至此画面 90% 基本完成，但一些细节还要完善，主要是画面的质感。可选择 1 号画笔画细微的地方，用 36 号画笔画稍大面积的细节，主要是高光、反光的冷暖和色彩倾向。这个过程是一个费时、耐心的过程。只要沉下心来，一定能做好，直到完成创作，如图 8-87 所示。

图8-87

8.5.3 小节总结

本节实例描绘了一个战争场景的创作过程。在实例中为了表现战争的场面，采用了俯视的构图，这也给画面的透视处理带来了一定的难度。在初期创作构图时，要注意线的趋势和透视的关系，以及学会如何利用画面细节处理画面中的中心点，如人物的视线等。另外，要注意利用橡皮表现图层的透明度来获得画面虚实的效果。

8.5.4 思考练习

对于一些大场面的创作，主要考虑的是画面的气氛。画面的真实性有时要让位于画面的气氛，请考虑战争类场景的适度夸张主要有哪几个方面?

8.5.5 技能拓展

涂抹工具

涂抹工具可以模拟手指绘图在图像中产生流动的效果，被涂抹的颜色会沿着拖动鼠标的方向将颜色进行展开。这款工具效果有点类似用刷子在颜料没有干的油画上涂抹，会产生刷子划过的痕迹。涂抹的起始点颜色会随着涂抹工具的滑动延伸。这款工具操作起来不难且运用非常广泛。可以用来修正物体的轮廓；在制作火焰字的时候，可以用来制作火苗；美容的时候还可以用来磨皮；再配合一些路径可以制作非常潮流的彩带等。

涂抹工具设置：

（1）画笔：选择画笔的形状；

（2）模式：色彩的混合方式；

（3）压力：画笔的压力；

（4）用于所有图层：可以使模糊效果作用于所有层的可见部分。

第9章

CG手绘佳作欣赏

这一章节我们主要来欣赏一下国内外插画师绘制的精彩CG插画作品。本章主要通过对国内外优秀CG作品创作思路、画面风格、绘制手法以及想象力的分析，借鉴和学习插画师们成功的创作技法，来开拓我们的创作思路。

下面就让我们开始享用 CG 插画的饕餮盛宴吧。

Tony（加拿大）

能够把握宏大的场面并不是一件简单的事情，Tony 这幅 CG 作品的绘制和整体风格趋向于真实场景，纵深感很强。远处的落日余晖和近景的晦暗形成鲜明对比，主题人物坐落于整幅画面的视觉中心上，背对着我们，已然留给我们无限想象的空间。画面中轻雾和烟尘的处理也是恰到好处。

Pene menn（韩国）

Pene menn 这幅 CG 手绘作品是一幅非常成功的场景插画，插画师用写实的手法绘制了一幅让人联想翩翩的插画。这幅插画是一幅典型的灰调子场景，远处的雪山、近处的残骸以及飘洒的雪花都成为烘托气氛的助力。画面中心人和狗的背影留给我们更多的是遐想，而左下角的火焰给整幅画面点亮了希望的明灯。

Tiago Hoise（巴西）

巴西插画师 Tiago Hoise 充满幽默风格的绘画风格总能让平静的画面多几分波澜和欢笑。男孩手中的彩色铅笔和豹子身上的涂鸦会让我们立即明白其中的故事。再看男孩兴奋欢快的表情和豹子狰狞的面孔形成鲜明对比，画面右下角有一只急忙逃窜的青蛙，给画面又增添了几分紧张气氛。此外，插画师很注意表现透视关系，并有意将其进行夸张，如男孩的左右脚的透视、豹子的头与尾的透视表现，都很好地夸张了前后的距离感。

朱比特崛起 Luca Nemolato（美国）

这幅名叫《朱比特崛起》的 CG 肖像插画是美国插画师 Luca Nemolato 为 2015 年上映的同名科幻电影所绘。与其他的写实肖像插画不同，Luca Nemolato 在写实的同时添加了些许恐怖元素，如人物的红色眼睛、残破又凸起的耳朵、隆起的颧骨，甚至皮肤上清晰的胡子和斑点都充满了恐怖气息。冷色调的颜色处理让画风与主题出奇一致，也增添了几分感情色彩。

Lorena Alvarez（哥伦比亚）

哥伦比亚自由插画师 Lorena Alvarez 从事传统技术、数字媒体和摄影等领域的工作，主要为儿童书籍、出版物、广告和时尚杂志绘制插图。Lorena Alvarez 紧紧抓住儿童的色彩心理，把丰富多彩的画面布置得恰到好处。在她绘制的这幅插画作品中，简洁的人物形象和多彩的动植物的设计成为其插画的必要元素，同时 Lorena Alvarez 的想象力也为这幅插画增添了几分奇幻色彩。

《雪》LiGang Zheng（美国）

这是作者用类似于油画的笔触来绘制的一幅人物肖像插画。在女孩的头发和围巾的表现上，我们可以看出明显的油画笔触。画面的整体色调淡雅、清新，人物的神情非常到位，在所绘角色的眼中，我们可以感受到插画师传递给我们的空灵感觉。

Rob Scotton（英国）

Rob Scotton 是英国绘本作家、儿童插画师，他的故事书画风可爱、幽默有趣。在这幅插画中，猫鼠同床，而黑猫却神情惊恐，充满讽刺意味的同时又让我们忍俊不禁。画中的形象设计得很滑稽，惊恐的黑猫眼睛圆鼓、毛发炸立、尾巴扭曲，神态安然的老鼠形成鲜明对比；插画中的物品陈设风格独特，如鱼形床头柜、黑猫的老鼠鞋以及猫爪形的床腿。画面所选视角也很有特色，大俯视的视角使这幅画充满了趣味性。

Kyrie（韩国）

韩国的女插画师 Kyrie 是一名自由职业者，她的作品主要被游戏厂商所选用。Kyrie 的插画作品多以表现人物为主，特别是女性角色。Kyrie 笔下的这些女性角色妖娆、妩媚，她通过对肖像光影、质感的准确把握来凸显女性特质。在这幅插画中，我们可以清晰看到从后方打过来的主光源对人物形象起到了强调作用。

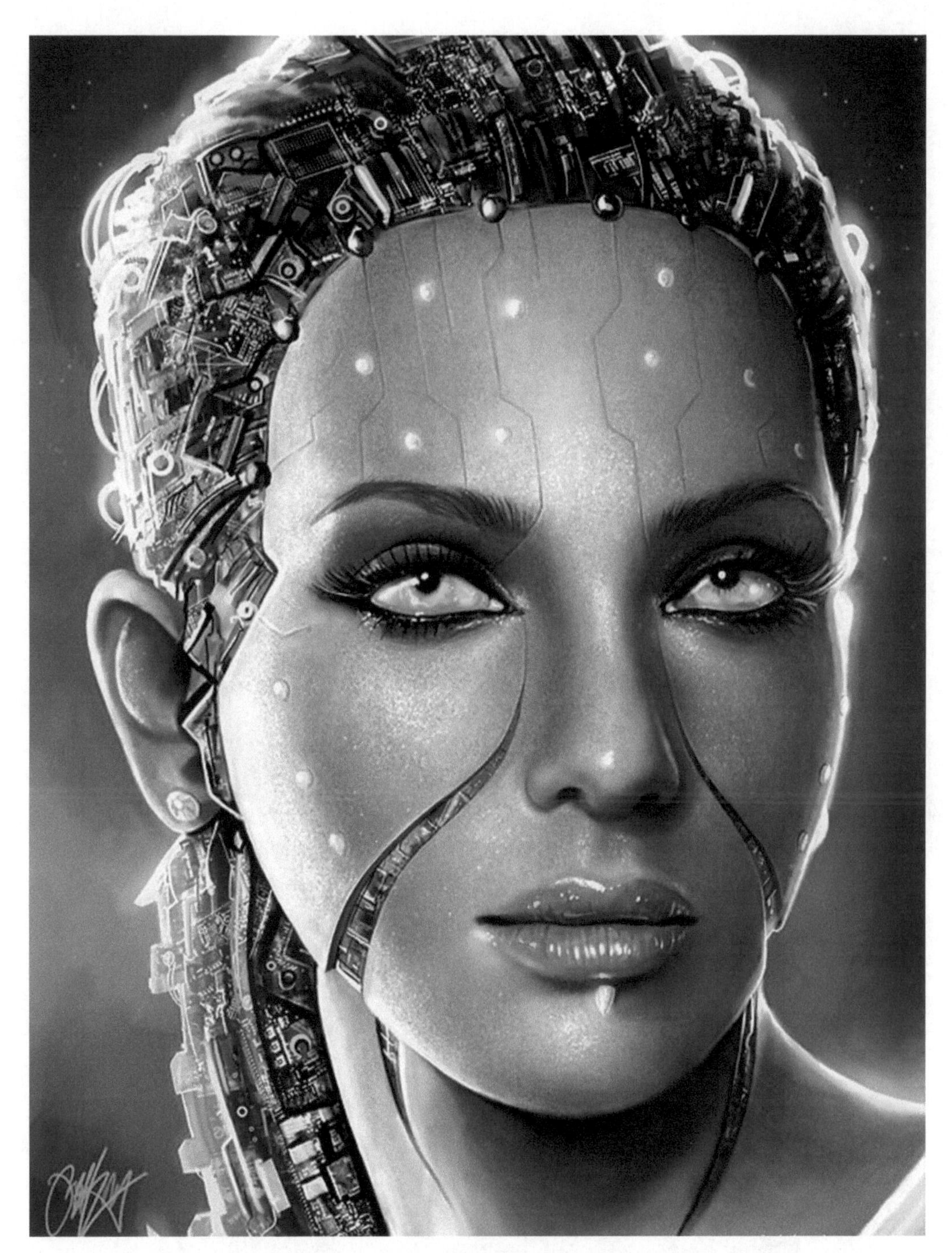

Kyle Lambert（英国）

Kyle Lambert 的作品细腻而富有想象力，这幅作品是数字绘画 Macworld 2011 作品展的代表作，用插画家自己的话说就是："让角色看起来有趣是我最大的挑战，让机器人没有作为人类性格的视觉吸引力。" Kyle Lambert 是当代概念数字绘画大师，他专注于高分辨率的细节刻画。在这幅机器人的插画中，我们可以看到细节与机械以及想象力的完美结合。

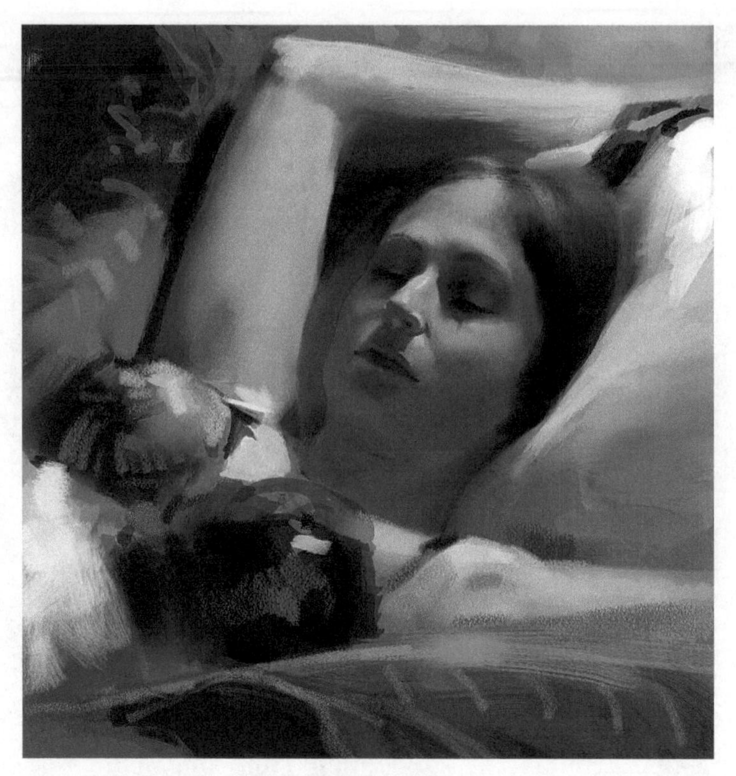

Craig Mullins（美国）

Craig Mullins（克雷格·穆林斯）是CG插画、概念设定领域的行家和大师，多次获得CG美术类的奖项。他的绘画风格多样，尤其擅长使用简单的块面和色彩来表现丰富逼真的光影效果。他对很多插画、漫画以及经典艺术品的技法都有深入的研究探索，他将这些研究融入自己的商业创作中，现已成为一位国际上知名的CG艺术家。本幅作品利用色粉笔的技法表现传统的油画效果，色彩丰富，画面逼真、细腻，令人称奇。

Heri Irawan（加拿大）

加拿大插画师Heri Irawan是一位极具绘画与创意天赋的插画师。想象力是一幅优秀插画作品的关键。在这幅CG插画中，我们可以领略到Heri Irawan天马行空的想象力，海陆相通，天水相接，他把所有奇特的景观、动植物汇集到一幅图中。更有趣的是，多条穿梭在海陆之间的路结合着隆起的城堡，整体看来竟是一只章鱼的形象。

Aritra（印度）

这幅很有古典艺术风格的CG插画来自印度插画师Aritra之手。插画的光线运用和油画笔触是本插画的两大亮点。从光线的运用上来讲，插画师用射灯的光线感觉来烘托画面气氛，同时四周的阴暗对光下的女郎起到了反衬作用；油画笔触的运用让画面呈现出油画布上作画的质感，也让我们感受到了笔刷工具的魅力。

《床底怪物》Skottie Young（美国）

这幅名叫《床底怪物》的插画出自美国插画师 Skottie Young 之手。画面整体充满故事性和趣味性。主角怪兽大嘴、多眼，看起来毛茸茸的，床上的小女孩表情惊恐、动作强悍，两个主要形象对比强烈、生动、夸张。破碎的地板和飞起的木屑也渲染了整体气氛。从色调上来看，该插画以暖色调为主，画面协调。

Aekkarat（泰国）

这幅 CG 插画最吸引我们的要数它柔和的色调了，此插画画风清新、颜色鲜艳且对比柔和。我们可以很清晰地看出插画师所运用的笔触，远处的景色很朦胧，近景的女孩又很清晰，两者对比使画面自然地产生了节奏感，而洒落在女孩身上的光斑更使画面显得格外温馨。

Benita Winckle（德国）

德国插画师 Benita Winckle 的这幅作品给我们神秘、静谧的视觉感受。整幅画面的黄绿调子让我们仿佛闻到了绿草和泥土的味道，点点光斑更加烘托了安静的气氛。插画的主角是一位有着美女外表的精灵，常常的指甲、卷曲而分撒的头发以及深邃的双眸都在作者的笔下散发着神秘的气息。

Aaron（美国）

科幻写实派美国插画师 Aaron 笔下的科幻场景精彩绝伦。这幅 CG 插画是作者艺术及技术的融合。从画面的色调来看，灰白调是画面的整体色调，使画面有很好的一致性；从细节刻画来看，插画师有很好的工业设计能力，且细节的刻画非常到位。

《崂山传奇》姜益梦（中国）

三维动画《崂山传奇》是青岛科技大学正在制作的中长篇动画项目。这幅CG手绘作品是姜益梦为动画片绘制的场景之一。这幅作品透视把握得很好，带给我们强烈的空间感。光影处理到位，前面的景物绘制细致，后面的树荫概括巧妙，简繁结合，获得了不错的视觉效果。

《老式火车》李怀鹏（中国）

《老式火车》是本书作者李怀鹏的作品，获中国第一届动漫金曲奖最佳作品提名奖。作品的绘画风格偏写实，老式火车的锈迹斑斑以及其古旧的造型在作者笔下表现得淋漓尽致。色彩上，阴暗天空的色调与火车的陈旧感相呼应，整体灰调子与前景点点鲜亮的野花形成色彩上的对比，同时野花的鲜艳也点缀了整幅画面的气氛。

《猴》李怀鹏（中国）

这幅作品是李怀鹏写实风格绘画的又一佳作，曾获得《2009 中国 CCGF 优秀作品奖》。该作品生动地描绘了一只正在挠痒的猴。作者将猴子的神态、体态及细节非常精细地表达了出来。此作品光感柔和，颜色协调，甚至猴子的每一根毛都表现得栩栩如生。

《女青年肖像》刘文菁（中国）

这幅 CG 插画是作者根据一张女青年照片创作的。插画的画风清新淡雅，色彩柔和。作者用细腻的笔触表现妙龄女郎肤如凝脂、吹弹可破的肌肤，眼神及表情的刻画将女青年的脱俗、温婉的气质呈现出来。